KB273462

잘되는 집은 아빠가 다르다

대한민국 30만 부모들이 열광한

구근회의 아빠 바로세우기 프로젝트

구근회 지음

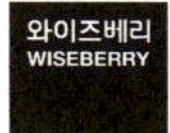

# 누구나 '아빠'는 될 수 있어도
# 모두 '아버지'가 되는 것은 아니다

미국의 로버트 블랜차드 교수는 아이들에 대한 아빠의 관심의 정도가 학업성취도에 어떤 영향을 주는지에 대한 조사를 진행했다. 초등학교 3학년 학생들을 대상으로 한 이 조사는 아이들에게 관심이 많은 아빠로 구성된 A그룹과 무관심한 아빠로 구성된 B그룹으로 나누어 진행했는데, A그룹의 아이들이 B그룹의 아이들보다 높은 학업성취도를 보이는 것으로 나타났다. 이는 곧 아버지의 관심이 아이들의 학업성취도에 깊은 영향을 미친다는 것을 시사한다.

이런 조사결과뿐 아니라 아버지의 양육 참여도가 높을수록 유아의 자아존중감과 사회성, 도덕성이 크게 높아진다는 이른바 '아버지 효과(the effects of father)'를 입증한 연구결과들은 무궁무진하다. 결국, 아버지 효과는 아빠의 삶에 대한 가치관과 태도, 습관 등이 아이들에게 각인되어 아이의 삶과 미래에 큰 영향을 미치는 효과를 일컫는 말이라고 할 수 있겠다.

이런 아버지 효과가 그 어느 때보다도 중요하게 여겨지는 것이 바로 요즘이 아닌가 싶다. 최근 가장 유행하는 단어 중에 하나가 바로 프렌디(Friendy)이다. 친구를 뜻하는 프렌드(Friend)와 아빠를 뜻하는 대디(Daddy)를 합쳐 프렌디(Friendy), 즉 '친구 같은 아빠'를 뜻하는 용어로 통용되고 있다. 이런 시류를 반영이라도 하듯 대중매체에서는 과거 가족 내에서 권위의 상징이었던 아버지를 시대의 퇴물처럼 묘사하는 반면, 다정하고 따듯한 아빠는 이 시대에서 절대적으로 필요한 존재처럼 그리고 있다. 한마디로 아버지는 쇠락하고, 아빠가 부상하는 시대가 되어버린 것이다. 현재 프렌디의 모습을 한 아빠의 육아를 담고 있는 예능프로그램이 유행처럼 번지고 있는데, 이 프로그램 속에서 그려지는 아빠의 모습은 모두 아이들에게 친구와 같은 다정다감한 존재이기만 하다. 어디서고 아버지의 위엄과 믿음직한 모습은 없이 온통 유쾌한 유머로 무장한 아빠들뿐이다.

## 프렌디를 꿈꾸는 요즘 아빠

사람들에게 요즘 가장 인기 있는 아빠 육아 프로그램을 꼽으라고 하면 '아빠, 어디 가?'라고 대답할 것이다. 그렇지만 내게는 이 '아빠, 어디 가?'라는 프로그램 제목부터 정말 낯설게 느껴진다. 나의 어린 시절만 돌이켜봐도 내가 아빠에게 가장 많이 했던 질문은 '아빠, 어디 가?'가 아닌 '아빠, 언제 와?'였으니 말이다. 아빠는 종일 기다려도 얼굴 보기도 힘들 만큼 바쁜 분이었고 가정보다는 회사에서 주로 많은 시간을 보낸 것으로 기억한다. 하지만 시대가 달라져도 너무 많이 달라졌다. 엄마도 아빠 못지않게 경제활동을 많이 하게 된 요즘, 아이 키우기는 엄마만의 몫이 아닌 게 되었다. 이런 변화 속에서 새롭게 부성의 이미지, 즉 아이들과 일상을 공유하는 프렌디가 떠오르기 시작하고, 우리는 여기에 열광하고 있는 것이다.

물론 친구 같은 아빠도 필요하다. 그래서 권위적이고 위엄만 찾던 아버지의 모습이 '아빠 육아' 예능 프로그램으로 변화의 국면을 맞이한 것은 반가운 일이라고 할 수 있겠다. 그렇지만 이런 프로그램이 꼭 긍정적인 변화만을 가져온 것은 아니다. TV 속의 프렌디 열풍으로 현실 속에서 너도 나도 친구 같은 아빠가 되어야만 제대로 된 아빠라고 여겨지고 있기 때문이다. 그래서 많은 아빠들은 '프렌디'가 되고 싶어 한다. 더 이상 가정에서 소외된 존재로 살고 싶지 않기 때문인데, 이 프렌디라는 것이 막상 실천해보면 그리 만만치 않다는 점에 주목할 필요가 있다. 오히려 프렌디라는 목표가 이상과 현실 사이의 차이에서 오는 괴리감과 심리적 압박감으로 다가와 아빠들에게 큰 스트레스를 떠안기고 있는 실정이다. 실제로 요즘 많은 아빠들이 프로그램의 영향으로 아이들과 함께 멋진 여행을 떠나려는 계획을 세우지만 그것을 실천하기 위해서는 시간과 비용 등의 여러 가지 문제에 부딪쳐 버거워지는 것이 사실이다. 또 아이들은 아이들대로 '놀토'가 생겨나면서 TV 프로그램처럼 토요일이면 으레 여행을 가야 한다고 생각하기도 한다. 물론 아빠들도 아이와 함께 자연을 느끼며 공감대를 형성하고 싶을 것이다. 그렇지만 비싼 캠핑 장비나 여행에 드는 비용 때문에 형편상 가는 것이 힘든 아빠들도 있다. 이런 아빠들은 상대적으로 박탈감을 느끼게 되고, 가정 내에서도 아이와 아내의 '프렌디' 요구에 부응하지 못하는 자신의 모습에서 좌절을 맛보거나 많은 부담을 느낄 수도 있다.

## 친구 같은 아빠에게도 부작용은 있다

사실 오늘날 프렌디 1세대라고 불리는 젊은 아빠들을 보면, 정작 그들은 프렌디 아빠 밑에서 자라지 않은 세대이다. 오히려 권위주의적인 아버지 밑에서 자랐다. 그들의 아버지는 가장으로서 경제를 책임지고 있었고 일에 치여서 아이와 소통은커녕 얼굴조차 보기 힘들었을 것이다. 따라서 프렌디 1세대 아빠들은 이 시대가 요구하는 친구 같은 아빠와 소통한 경험이 없기에, 자신의 자녀와 친구가 되는 법에 있어서도 서툴 수밖에 없다. 또한, 시대와 가정이 요구하는 친구 같은 아빠의 역할은 과거 자신이 봐오고 경험했던 아버지의 역할과는 매우 큰 차이가 있을 수밖에 없다. 그래서 그들은 프렌디도 아니고 그렇다고 권위주의적인 아버지도 아닌 자신의 모습에 혼란스러울 것이다. 정작 자신은 어떤 아빠 역할을 해야 하는지에 대해 커다란 고민을 떠안고 있는 셈이다. 이런 '프렌디'에 대한 고민은 비단 아빠의 몫만이 아니다. 엄마의 몫이기도 한 육아에서 또 다른 큰 걱정거리가 되었다.

이렇듯 프렌디는 되기도 쉽지 않지만, 정작 프렌디가 되었다고 해서 모든 문제가 해결되는 것도 아니다.

최근 서울의 한 초등학교 아버지 모임인 '○○초등학교 프렌디 클럽' 소속 아빠들과 이야기를 나눌 기회가 있었다. 프렌디인 그들을 만난다는 생각에 나는 어떤 이야기를 들을지 내심 기대하고 있었는데 그들은 뜻밖에도 고민을 토로했다. 프렌디 클럽의 아빠들은 자신의 주어진 시간과 비용을 투자하여 열심히 노력한 결과, 주위 사람들로부터 프렌디라고 불릴 정도로 가정적인 아빠가 되었다. 그렇지만 요즘 프렌디에 대해 많은 회의감이 들고 있다고 했다. 그 이유는 다정다감하고 친구 같은 아빠가 아이에게도 좋고, 아빠와 자녀의 관계에도 좋을 것으로만 생각했는데 아이가 조금씩 나이를 먹고 커 가면서 아빠를 대할 때 친구를 대하듯 한다는 것이다. 아빠에게 각듯하게 예의를 차리거나 정중함까지 바라는 것은 아니라지만, 기본적인 인사는커녕 반말은 예사라고 했다. 어떨 때는 마치 하대라도 하듯 아빠에게 말대꾸하거나 아빠가 말을 건네며 질문을 해도 아예 말을 하지 않는 등 기본적인 예절조차 아빠에게 갖추지 않는다고 했다. 친구 같은 아빠도 좋고, 다정다감한 아빠도 좋은데, 아빠를 자신의 친구처럼 함부로 대하는 것은 정말 아닌 것 같다며 모두 입을 모았다.

아빠는 친구가 아니다. 아니 아빠는 결코 친구가 될 수도 없고 또 친구가 되어서도 안 된다. 다정다감한 아빠는 괜찮지만 그것이 과한 나머지 아이에게 친구나 다름없는 대우를 받는다면 아이의 인성에도 전혀 도움이 되지 않는다. 패밀리레스토랑처럼 가족 단위의 손님이 많은 곳에 가면 친구를 대하듯 아빠에게 반말 투로 말하거나 짜증을 내는 아이들을 의외로 쉽게 목격할 수 있다. 너무 막돼먹었다고 느낄 정

도로 아빠에게 막말을 하는 아이들을 보면 눈살이 찌푸려지는데, 그
아이들이 학교에서 선생님에게, 또 커서 회사에서 직장 상사에게 과연
존중 받을 수 있을까? 가정은 사회의 연속이다. 자신을 위해서 평생을
희생하며 최선을 다하고 있는 아빠에게 최소한의 존경과 예의범절을
갖추는 것은 인간의 가장 기본적인 도리이다. 단순히 권위적임을 과
시하기 위해 아이에게 예의범절을 갖추라는 것이 아니다. 권위와는 다
른 어른에 대한 존경과 예의를 말하는 것이다. 이것은 감사한 것을 감
사할 줄 모르는 아이가 세상을 살아가는 데 있어서 가장 중요한 것을
모르고 지나치는 것이다. 작은 도움조차도 감사할 줄 모르는 이에게
는 다시는 베풀지 않는 것이 인지상정이다. 절대 봐주는 법이 없다. 하
물며 자녀를 위해 노력하고 희생하는 아빠에게 감사는커녕 막돼먹은
대우를 하는 것은 부모가 절대로 용납해서는 안 된다. 이것을 바로 잡
는 것이 가정교육의 기본이라 할 수 있다.


## 아빠와 아버지의 역할은 다르다

아빠 육아 프로그램의 대명사인 '아빠! 어디 가?'의 제목이 '아버지!
어디 가?'였다면 과연 어땠을까? 아빠를 아버지라고 바꿨을 뿐인데
느낌이 너무 다르다. 어색하게 느끼는 것은 비단 나만이 아닐 것이다.
그 이유는 누구나 아빠(daddy)와 아버지(father)에 대해 느껴지는 것이
다르기 때문이다. 실제 아빠와 아버지는 어떻게 다를까?
나는 아빠와 아버지를 조금 다르게 구분하여 표현하고 싶다. 즉 '아

빠'는 느낌 그대로 아이에게 사랑과 애정을 베푸는 역할로 표현한다면 '아버지'는 가장으로서, 가족의 리더로서 마치 축구팀의 감독처럼 방향을 제시하는 역할로 표현하고 싶다. 아이에게 따뜻한 애정과 돌봄을 주는 게 아빠의 주 역할이라면, 아이의 인생에 방향을 제시하며 인생의 멘토가 되어주는 게 아버지의 역할인 것이다. 친구 같은 다정다감한 모습이 아빠의 모습이라면, 때로는 엄격하고 잘못된 것을 꾸짖을 수 있는 것이 아버지의 모습인 것이다. 또 아빠와 함께 놀이와 스포츠를 통해서 친해질 수 있다면, 아버지와는 고민을 털어놓고 인생의 꿈을 논할 수 있다. 누구나 아이를 가지면 자연스럽게 아빠가 될 수는 있겠지만, 아이에게 꿈과 목표를 심어주기 위한 정신적 성숙의 단계에 이른 자만이 비로소 아버지가 될 수 있다고 생각한다.

아빠와 아버지의 역할은 다르다. 아빠와 아버지의 차이는 가벼움과 무거움에 있다. 그렇지만 자녀를 생각한다는 출발점은 같다. 아이에게 좀 더 편안히 다가가고자 하는 지금, 아빠로서 해야 할 일은 그리 무겁지 않을 것이다. 그렇지만 아이가 어릴 때부터 차곡차곡 쌓아둔 아빠로서의 가치가 든든한 무게로 바뀔 때, 아이는 아빠를 '아버지'라고 어렵지 않게 부를 수 있게 될 것이다. 그러므로 아버지와의 관계를 그대로 유지시켜줄 수 있는 징검다리 역할을 '아빠'가 지금 이 순간부터 실천해야 한다.

'나는 아빠인가 아버지인가, 아이의 미래를 위해 나는 아빠가 될 것인가, 아버지가 될 것인가'를 선택하고 준비하기 위해서는 지금 당장 멈춰 서서 깊게 생각해봐야 한다.

지금 이 책을 읽기 시작하는 아빠들에게 나는 이렇게 얘기하고 싶다. '남자는 누구나 아빠는 될 수 있지만, 모두가 아버지가 되는 것은 아니다.'라고 말이다. 대한민국 아빠들이여, 지금 자신의 모습을 다시 한 번 돌이켜볼 때이다.

따뜻한 대화가 넘치는 가족 식사 시간은
아빠가 아이에게 해줄 수 있는 최고의 가정교육 시간이다.
내 아이의 인성을 위해서
가장 실천하기 쉬운 가족 식사 시간부터 지켜보자.

# chapter 01

# 아빠가 꼭 실천해야 할 자녀교육

# 01

# 밥상머리 교육,
# 아빠 역할의 기본이다

사람의 가장 기본적인 욕구 중 하나는 식욕이다. 이 기본적인 욕구가 채워질 때 사람은 행복감을 느낀다. 그래서일까? 가족이 모인 식사 시간은 누구에게나 따뜻한 느낌을 준다. 가족 간의 가장 기본적인 관계도 식사 시간에 이루어지는데, 우리 선조들은 예로부터 예절 규범 중에서도 식사예절을 중시했다. 우리는 그 예절 교육을 따로 '밥상머리 교육'이라 부를 정도로 식사 시간은 자녀교육의 중요한 부분으로 여기고 있다.

### 지금 내 아이에게 필요한 건 밥상머리 교육

가족이 함께 밥을 먹는 것은 단순히 밥을 먹는다는 행위 자체로 끝나는 것이 아닌, 여러 가지 의미를 포함하고 있다. 예부터 부모는 식사시간을 통해 아이들에게 식사 예절은 물론 아이들의 성장과 발전에 필요한 용기와 절제 등을 가르쳤다. 이것이 바로 한국의 가족 식사 문화였다. 또한, 식사 시간에 이루어지는 밥상머리 교육은 가족의 대화를 통해 웃어른의 삶에 대한 지혜와 가족 간의 사랑, 정서적 안정감, 인성을 배울 수 있는 효과적인 교육의 장이었다.

한편 현재의 밥상머리 교육이 자녀교육에서 중요한 이유는 바로 의사소통 때문이다. 온 가족이 함께 밥을 먹으면서 자연스럽게 편안한 소통의 자리가 펼쳐진다. 서로의 기본적인 욕구를 채우는 자리에서 마음 편하게 이 얘기 저 얘기 하면서 가족 간의 의사소통을 하게 되는 것이다. 때로는 아이가 겪고 있는 심각한 문제도 다 같이 식사하는 시간에 자연스럽게 이야기하다 보면 부모로서 좋은 조언이나 충고를 해줄 수도 있다. 사실 처음에 말을 꺼내는 것이 두렵고, 힘들 수도 있지만, 식사 시간은 경직되거나 어려운 자리가 아니기에 오히려 평소 하기 힘들었던 얘기도 꺼낼 수 있는 자리가 된다.

## 일주일에 적어도 두 번은 가족이 함께 식사해라

이렇게 중요한 밥상머리 교육이 요즘은 좀 퇴색되어가고 있다. 우리나라 아빠들은 OECD 국가 중에서 가장 바쁘다보니 가족과 함께할 수 있는 저녁 시간을 놓치는 것도 이유지만, 부모보다 더 바쁘게 이 학원 저 학원을 뛰어다니는 아이들 때문에 함께 밥을 먹을 기회조차 없어지고 있다. 그렇다고 손 놓고 지켜만 볼 수는 없는 노릇이다. 바쁜 가족들이 한 자리에 모일 수 있도록 규칙을 정하는 것이 필요하다.

먼저 가족 식사 시간을 정확히 정하자. 가족이 함께하는 식사 시간은 매주 요일을 정해서 실천하는 것이 좋다. 단지 '앞으로 가족 식사를 자주 해야지.' 하는 마음만으로는 지켜지기 힘든 여러 가지 일들이 있을 수 있기 때문에 미리 시간을 정해두는 것이 좋다. 적어도 일주일에 두 번 이상은 반드시 가족과 함께 식사를 하는 것을 원칙으로 삼는다. 아빠도 아이들도 아무리 바빠도 주중에 하루, 주말에 하루 정도는 온 가족이 꼭 함께 식사를 하도록 하자. 이렇게 시간을 정하기 위해서는 먼저 아빠가 나서야만 한다. 물론 변수가 많은 바깥일 때문에 쉽지 않은 일이겠지만, 세상 어디에도 내 아이의 인생만큼 소중한 것은 없다는 마음으로 가족에게 우선순위를 두어야 한다.

그래서 나는 매주 수요일을 '패밀리 데이'로 정해서 회사에 야근 없는 날로 운영하고 있다. 매일 바쁜 업무 때문에 놓치기 쉬운 가족 식사 시간을 위한 날이 바로 수요일인 것이다. 그날만큼은 가족과 함께 시간을 보내라는 회사 차원의 지원이기도 하다. 간혹 수요일에 갑자기 너무 급한 일이 생기면 목요일이나 금요일이라도 꼭 '패밀리 데이'를 지키도록 규범처럼 강조하고 있다. 물론 갑자기 급한 일이 생겨서 항상 지켜지기 쉽지 않은 규범이지만 지키려고만 한다면 최선의 가족 식사 시간을 확보할 수 있는 시스템이라고 말할 수 있다. 아이의 미래를 위해서도 현재를 위해서도 가족 식사는 가장 중요한 의식이자 가장 필요한 시간임에 틀림없다.

## 가족 식사 시간이 아이에게 미치는 영향

실제로 미국 컬럼비아 대학교 약물오남용예방센터의 연구결과에 의하면, 가족과 함께 식사를 많이 하는 아이들은 그렇지 않은 동급생에 비해 학업 성적에서 A 학점을 받는 비율이 2배 높았고, 청소년 비행에 빠진 비율은 0.5배로 낮았다고 한다. 한마디로 가족이 함께 식사하며 대화를 얼마나 많이 하느냐가 학생들의 인지적·정서적 발달에 큰 영향을 미친다는 것이다.

연구결과에 따르면, 부모와 함께하는 가족 식사로 아이들은 안정감을 느꼈다고 한다. 부모와의 잦은 식사가 아이들의 음주나 흡연 등의 부적응 행동을 줄일 뿐만 아니라 우울증 발생률도 낮추고 정서적으로 안정감을 키워주었다. 한마디로 따뜻한 가족 식사 시간이 가족 간에 공감할 수 있는 기회와 친밀한 유대감을 형성해 가족 구성원으로서의 위치를 확고히 해줄 뿐만 아니라 표현하지 못했던 사랑을 느낄 수 있는 역할을 한다는 것이다.

가족 식사 시간의 대화는 단순히 기분만 좋게 하는 것은 아니라, 아이들의 지적 능력에도 긍정적인 효과를 준다. 미국 하버드 대학교의 캐서린 스노 박사팀의 연구에 의하면 가족 식사 시간의 대화는 아이들이 언어를 습득하고 구사하는 데 매우 효과적이라는 결과가 나왔다. 만 3세 아이가 책 읽기를 통해 배우는 단어는 140여 개에 불과하지만, 가족 식사를 통한 대화에서는 1천여 개의 단어를 학습하게 된다고 한다. 그러므로 어릴 때부터 가족 식사를 자주 하고, 많은 대화를 나눈 아이들이 그렇지 못한 아이들에 비해 지적 능력이 뛰어난 것은 어쩌면 당연한 결과라고 할 수 있다.

### 가족 식사 때 아빠의 역할

가족 식사를 할 때 명심해야 할 사항은 온 가족이 함께 준비해야 한다는 것이다. 이때도 역시 가장 중요한 역할이 바로 아빠의 역할이다. 아빠가 팔을 걷어붙이고 먼저 나서야만 한다. 식사 재료 준비는 물론 함께 요리하고, 식사하고, 설거지까지 식사의 모든 과정을 아빠와 엄마 그리고 아이들이 분담해서 한다면 부부 간의 애정은 물론이고 아이들은 정서적인 안정감과 유대감까지 깊게 느낄 수 있게 된다. 이러한 식사의 전 과정을 아빠가 함께하다 보면 아이들은 평소 아빠에게서 보지 못했던 모습이나 부모에 대한 감사의 마음을 더 깊게 느낄 수 있다. 또한, 가족의 아빠에 대한 존경과 사랑은 더욱 커질 것이며, 아빠를 중심으로 가벼운 마음으로 서로 정감 넘치는 대화를 나눌 수 있을 것이다. 이렇게 식사 준비 과정부터 온 가족이 함께한다면 그 가정의 밥상머리는 단순한 식사 시간이 아니라 최고의 인성교육의 장이자 가족 화합과 사랑을 키우는 기회가 될 것이다. 또 식사 시간 동안에는 아이가 한 주 동안 경험한 이야기를 나누거나 아이의 여러 가지 솔직한 이야기들을 듣는 등 편안한 대화를 나눌 수 있을 것이다. 한마디로 가족 간의 경청과 공감, 칭찬이 넘치는 최고의 가족 소통의 시간이 만들어지는 셈이다.

## 가족 식사 시간 활용법

아빠가 중심이 되어 이끌어가는 가족 식사 시간은 잘만 활용하게 되면 아주 훌륭한 인성교육의 시간이 된다. 밥상머리에서 아버지께 배운 식사 예절을 통해 아이는 절제와 배려, 예의를 알게 되어 사회성과 인성을 키울 수 있는 중요한 교육 시간이 될 수 있기 때문이다.

우리 집에서 하고 있는 가족 식사 시간을 통한 아빠표 인성교육의 예를 들어보면 다음과 같다. 가족이 함께 저녁 식사를 할 때면 아이들은 돌아가면서 엄마의 식사 준비를 돕는다. 식사 준비가 다 되면 아빠와 엄마는 아이들과 함께 본격적으로 식사를 한다. 이때 아이들에게 "맛있게 잘 먹겠습니다. 아빠, 엄마 감사합니다."라고 반드시 감사하는 마음을 표현한 후 식사를 시작하게 한다. 부모에게 감사할 줄 모르는 아이는 그 어떤 사람들에게도 감사할 줄 모르는 아이가 된다는 것을 명심해야 한다. 이렇게 매사에 감사를 느끼며 표현하는 것이 인간의 도리이며 인성교육의 뿌리임을 잊지 말고 아이에게 알려주는 것이 좋다. 다 먹고 난 뒤에는 아무리 자신이 다 먹었더라도 아직 먹고 있는 사람이 있으면 다 먹을 때까지 기다려주는 것이 남을 배려하는 마음이라는 것을 아빠가 가르쳐주면 된다. 그리고 다 먹은 후에는 시작할 때처럼, "맛있게 잘 먹었습니다. 아빠, 엄마 감사합니다."라고 감사를 표현하며 식사를 마치도록 한다. 이것은 집에서만 해당되는 것이 아닌 밖에서 외식할 때도 적용하면 좋다. 음식을 가져다주는 종업원에게 "감사합니다."라고 말하며 감사를 표현하도록 하는 것이다. 물론 부모부터 먼저 인사를 건네야 한다. 집뿐만 아니라 밖에서도 마찬가지로 식사를 시작할 때와 마칠 때 모두 좋은 자리를 마련해주신 부모님께 감사하도록 하는 것이 좋다. 요즘 아이들에게 가장 크게 문제가 되고 있는 부분이 바로 인성이다. 남을 배려하는 마음보다는 자신만 아는 이기적인 모습들 때문에 벌어지는 문제들이 많아지고 있기 때문이다. 그렇지만 이렇게 가족과 함께 밥을 먹고, 아빠로부터 가장 기본적인 인성까지 배울 수 있는 밥상 앞이야말로 아이의 인성을 깨우는 중요한 자리가 될 것이다.

또한, 가족 식사를 할 때 아빠가 반드시 온 가족이 지키도록 권장해야만 하는 것은 단지 밥을 먹는 것으로 그칠 게 아니라 대화가 중심이 되도록 해야 한다는 것이다. 따라서 아빠부터 먼저, 식사 중에 TV를 시청하거나 책이나 신문을 읽는 행동을 삼가도록 해야 한다. 그래야만 천천히 식사를 즐기면서 편안한 마음으로 서로 대화를 나누는 것에 집중할 수 있다. 그리고 대화는 아빠가 먼저 리드하는 것이 좋으며, 대화의 시작은 편안하고 일상적인 주제부터 시작하면 된다. 처음부터 어렵고 무거운 얘기를 꺼내면 다음 이야기로 이어가는 것은 힘들다. 특히, 긍정적인 칭찬으로 시작하면 더욱 좋다. 부정적인 이야기나 조언, 충고를 하고 싶다면 되도록 식사 시간이 아닌 다른 시간을 찾는 것이 좋다. 우리 집은 식사 후에 반드시 과일을 먹거나 달콤한 디저트를 먹는데 이때는 아이들에게 잔소리를 늘어놓아도 긍정적으로 받아들인다. 아무래도 달콤한 맛을 느낄 때 사람들은 기분 나쁜 이야기도 훨씬 더 부드럽고 기분 좋게 수용할 수 있는 것 같다. 사실 내가 이런 테크닉을 발휘할 수 있었던 것은 달콤한 디저트를 먹으면서 필요한 잔소리를 기분 좋게 실천하고 있는 유대인 친구 덕분이다. 스타벅스, 던킨도너츠, 배스킨라빈스, 다농 요거트 등 세계적인 디저트 생산업체들이 바로 유대인이 만든 회사들인 것도 결코 우연은 아닌 것 같다.

이처럼 따뜻한 대화가 넘치는 가족 식사 시간은 아버지가 아이에게 해줄 수 있는 최고의 가정교육 시간이다. 따라서 내 아이를 훌륭한 자녀로 키우기 위한 아빠의 가장 중요한 역할은 밥상에서 시작된다는 것을 명심하고 밥상머리 교육을 가정교육의 첫 출발점으로 삼아야 한다.

## 02

# TV를 멀리하자

 

연년생인 우리 아들 셋, '자쓰리 브라더스'(자민, 자우, 자언)는 어릴 적
에 열렬한 TV 광이었다. 아침에 일어나자마자 TV에서 나오는 만화로
하루를 시작하고, TV 만화나 어른들이 보는 드라마로 하루를 마감했
다. 그야말로 TV가 아이들의 유일한 친구이자 장난감이었던 셈이다.
아이들은 책 읽기보다는 TV를 더 좋아했고 TV를 못 보게 하면 울거
나 떼를 쓰기도 했다. 어느 날 나는 아이들이 읽은 책을 처음부터 끝
까지 얘기해보게 했다. 아직 어린 나이이긴 했지만, 아이들은 방금 읽
은 책도 이야기를 쉽게 풀어가지 못했다. "왜 주인공이 그렇게 했을
까?"라는 질문에 아이들은 "그냥요. 잘 모르겠어요."라는 대답이 전
부였다. 반면, 아이들은 만화 영화 이야기는 훨씬 더 잘 기억하고 있

었다. 하지만 만화 내용 중에 어떤 홍미로운 사건에 대해서 "이 주인공은 여기서 왜 그런 걸까?"라는 질문을 던졌을 때, 돌아오는 대답은 여전히 "그냥요. 잘 모르겠어요."였다. 그렇게 시간이 흘렀고 아이들은 점점 TV에 몰입되어 잘 알고 있던 단어조차 구사할 수 없을 정도로 문장에 대한 이해력이 떨어지게 되었다. 외식을 하러 식당에 가든 시골 할아버지 댁에 가든 자쓰리 브라더스의 TV에 대한 사랑은 식지 않았다. 아이들은 어른들께 인사를 하는 둥 마는 둥 하고는 TV 리모컨 찾기에 혈안이었다. 그리고 리모컨을 차지한 아이는 그것이 마치 보물이라도 되는 것처럼 빼앗기지 않으려고 싸움을 벌이기도 했다. 심지어는 무슨 놀이를 하든지 간에 누군가가 규칙을 정해주고 설명해줘야만 놀이를 시작하는 수동적 아이로 변화해가는 것을 보고서 나는 몹시 큰 충격을 받았다.

## 자쓰리 브라더스의 TV 탈출기

큰 아이가 초등학교 2학년이 되던 어느 날, 아이들의 모습을 지켜보고 있자니 나는 무서운 생각이 들기 시작했다. 그때 아이들은 TV 광 정도가 아니라 TV 없이는 못살 정도로 TV는 아이들의 생활과 사고를 지배하고 있었다. 남자아이들인데도 밖에 나가서 몸으로 뛰어노는 것보다 만화 보는 것이 더 좋다고 할 정도였다. 그 길로 난 마트에 가서 축구공을 사고는 아이들에게 운동장에 가서 신나게 공차고 놀자고 제안했다. 처음에는 집에 가고 싶어 했지만, 아빠가 제안한 것이라 못내 받아들이더니 학교 운동장에서 공을 차며 신나게 뛰어놀았다. 그날 정말 처음으로 아이들과 있는 힘껏, 마음껏 놀아준 것 같았다. 힘차게 공을 차고, 전쟁놀이 비슷한 것도 해주었더니 남자아이들이라 그런 지 아이들은 집에 가자는 말도 잊은 채 시간 가는 줄도 모르고 완전 히 몰입하며 저녁까지 신나게 놀았다. "오늘같이 밖에서 신나게 노는 게 좋으니, 아니면 집에서 TV 보는 게 좋으니?"라고 물으니 밖에서 이 렇게 뛰어노는 것이 더 좋다고 말했다. 그래서 나는 세 아들을 설득하 기 시작했다. TV를 보면 왜 생각 없는 바보가 되는지를 내가 가진 노 하우를 총동원해 동영상과 뇌 사진을 보여주며 설명해주었고, 그래서 앞으로는 TV를 보는 대신 밖에 나가서 놀자고 설득했다. 그리고 더 나은 사람이 되려면 TV를 끊고 책을 많이 읽어야 한다는 말도 곁들이 며 열심히 설득했다. 그렇게 결단력 있게 나쁜 것을 끊는 것이 훌륭한 사람이 되는 문으로 들어가는 것이라는 말도 덧붙였다.

물론 아이들을 이렇게 말로만 설득할 수 있을 거라고 착각해서는 안 된다. 아이들 자신도 TV를 보지 않는 것을 지키고 싶지만, 그 의지력 을 발휘하기란 여간 어려운 일이 아니다. 그래서 나는 자쓰리 브라더 스에게 '칭찬 스티커'를 제시했다. 그 당시 아이들이 가장 갖고 싶어 했 던 게임기가 있어, 그것을 목표로 삼고 자쓰리 브라더스와 함께 칭찬 스티커를 시작했다. 다행히 아이들은 누가 잘 지키고 있는지 서로 경 쟁하며 매일 스티커를 열심히 모으기 시작했다. TV를 보지 않는 것을 잘 지킨 사람에게 가장 많은 스티커가 주어졌다. 예를 들면, 책 한 권

을 보면 스티커 5장이지만 TV를 하루 안 보면 50장의 스티커를 부여
했다. 좀 편중된 보상이었지만 아이들에게서 TV를 멀어지게 하기 위
한 특단의 조치였다. 그날부터 자연스럽게 자쓰리 브라더스는 서로 경
쟁이라도 하듯이 TV를 보지 않게 되었고, 한 달에 한 번은 칭찬 스티
커를 결산하는 시간을 통해 자신들의 용돈도 받기로 약속했다. 또 아
이들과 함께 칭찬 목록을 생활과 공부 2가지로 나누어 엄마와 합의하
여 정하기도 했다. 아이들에게 부정적인 효과가 있을 수 있어서 일단
잘하는 것에만 칭찬 스티커를 주고 잘 하지 못했을 때 칭찬 스티커를
떼는 마이너스 제도는 넣지 않았다. TV라는 것을 끊게 된 바로 그 날
이 우리 자쓰리 브라더스가 새롭게 태어난 날이기도 하다.

아이들은 원래부터 훌륭하다는 나의 지지에 보답이라도 하듯이 자
쓰리 브라더스는 정말 멋지게 변화했다. 지금 생각해도 훌륭할 정도
로 엄마, 아빠가 집에 없는 날에도 TV를 보지 않았다. 물론, 다행히도
서로 작당하여 TV를 보고서 안 본 것으로 하자는 일은 없었다. 보상
이 작동하니 아이들인지라 서로 감시자가 되어서 TV 보는 것을 철저
히 막는 재미있는 경쟁심이 발동한 것이다. 나는 일부러 TV를 없애지
않고 거실에 그대로 두었고 리모컨도 탁자 위에 그대로 놔두었다. 버
튼만 누르면 바로 켜지도록 말이다. 그렇지만 신기하게도 아이들은 그
유혹을 이겨냈다. 만족지연에 대한 실험에서 마시멜로를 먹지 않고 버
텼던 아이들처럼 우리 세 아들은 '만족지연 능력'을 훌륭하게 발휘한
것이다. 지금 생각해도 자쓰리 브라더스가 정말 자랑스럽기 그지없다.

이렇게 자쓰리 브라더스가 TV를 끊으며 열심히 스티커 모으기에

혈안이 된 지 두 달여가 지났을 때였다. 그 당시 초등학생 2학년이었던 큰아이 자민이는 스티커를 열심히 모은 덕분에 자신이 원하던 게임기를 살 수 있는 양을 다 채우게 되었다. 그래서 나는 아이들과 함께 게임기를 사러 가자고 했다. 그런데 자민이는 좀 더 생각을 해보겠다며, 약속을 자꾸 미루는 것이었다. 며칠이 지났을까? 자민이는 조용히 내게 오더니 게임기 대신 사고 싶은 다른 것이 있다고 했다. 게임기를 사기 위해 스티커를 모은 것이 아니냐는 내 물음에, 자민이는 자기에게 이제는 게임기가 필요 없게 되었다고 했다. 자민이는 스티커를 모아 게임기를 사기 위해 TV를 보지 않게 되면서 책을 읽게 되고, 운동도 많이 하게 된 지금이 오히려 좋다고 했다. 가끔 친구들의 게임기를 빌려서 게임을 해봤는데 재미있어 거기에만 집중하게 될 것 같다며, 그러면 자기가 좋아하는 책 읽기도 신나는 운동도 하지 않게 될까봐 걱정이 된다는 설명을 덧붙였다. 그래서 자민이는 게임기 대신에 자신의 꿈인 식물학자를 위한 첫걸음으로 현미경을 갖고 싶다고 했다. 정말 감동 그 자체인 순간이었다. 놀랄만한 변화를 보인 아이의 태도에 감탄이 나올 뿐이었다. 요즘은 초등학생이 아니라 중학생, 고등학생, 대학생이 되어서도 자녀가 말하면 무엇이든 사다 나르는 부모 덕분에 아이들의 생각은 더 얕아지고 좁아져있어 잘못된 판단을 서슴지 않고 하게 된다. 그렇지만 자신의 노력에 대한 대가로 받는 선물에 대해서 아이들은 한없이 많은 고민을 한다. 그리고 옳은 판단이 무엇인지에 대해 고민하며 더 옳은 판단을 하게 된다. 자신이 어렵게 노력해서 번 돈으로 물건을 사는 경우 '과연 이 물건이 그만한 가치가 있는 것인가?' 고민하고 또 고민하는 것은 아이도 어른도 마찬가지인 것이다.

## 아이들의 인생을 바꾼 터닝 포인트

나는 어쩌면 이것이 아이들의 인생을 바꾼 터닝 포인트라고 생각되어진다. 어떤 이유로 그렇게 확연히 다른 모습을 보일 수 있었던 것인지 정확한 이유는 알 수 없다. 자기들끼리 서로 경쟁심이 불붙어서 그럴 수도 있고, 아니면 어린아이지만 스스로 나쁜 것을 끊고 훌륭한 사람이 되고 싶어 하는 순수함 때문이었을 수도 있다. 분명한 것은 TV를 끊고 난 후 아이들이 완전히 달라졌다는 것이다. 밖에서 노는 시간이 많아지고 운동도 많이 하면서 아이들의 얼굴은 점점 검게 그을렸고, 그만큼 웃음도 행복도 커지고 있었다. 그리고 가장 많은 변화를 보인 것은 독서량이었다. 아이들이 책을 읽을 때마다 스티커로 상을 준 까닭에 꼼꼼히 자신이 읽은 책을 기록했다. 그런데 놀라운 것은 읽은 책들을 세어보니 TV에 빠져있을 때보다 4배 이상의 많은 독서를 하게 되었던 것이다. 더욱 놀라운 것은 이전과 달리 읽은 책을 보지 않고도 책의 내용을 혼자서 얘기할 수 있다는 것이었다. 또 여러 질문에 대한 자기 생각을 또박또박 대답하는 놀라운 일까지 벌어졌다. 그날 이후로 아이들의 가장 즐거운 시간은 책 읽는 시간이 되었다.

TV를 끊고 난 후 아이들의 책 읽기는 나날이 발전했고 그 발전은 독서로만 끝나지 않았다. 책을 읽고 말하기를 하듯이 자신들의 공부를 스스로 정리하기 시작했다. 처음에는 엄마가 요령을 가르쳐줬지만 자신이 직접 만들겠다는 기특한 고집을 피우며 공부할 과목에 대해 '나만의 정리'를 하기 시작했다. 그야말로 아이들 스스로 진정한 자기주도학습을 시작한 것이다. '구자민의 수학 노트', '구자우의 역사 노트', '구자언의 과학 노트' 등 아이들은 점점 자신의 이름을 단 자신만의 노트 정리에 희열을 느끼기 시작했다. 이런 자기주도학습이 나중에는 학교 시험을 시험이 아닌 게임처럼 즐길 수 있게 했다. 자쓰리 브라더스는 지금까지 학원을 가본 적이 없어서 '학원을 갔으면 어떻게 되었을까?'라는 가정을 해보기란 쉽지 않지만, 적어도 확실한 것은 공부에 대한 자신감과 자기주도학습 습관은 지금보다 훨씬 못했으리라 확신한다.

TV 보지 않기 운동은 결과적으로 독서를 늘리게 된 계기가 되었고, 이것이 발전해 아이들의 공부 시간도 공부 방법도 모두 바꿔놓았다. 물론 지금 생각해보니 아이들이 TV를 끊었던 경험은 단순히 습관 하나를 고치는 데서 끝나지 않고, 스스로 나쁜 습관들을 인식하고 그것을 고치는 전반적인 생활 태도의 변화로 이어진 것 같다. 유혹을 이기는 작은 승리감이 결국 아이들에게는 자존감을 키워주고 미래에 대한 꿈과 희망을 키워주었던 것이다.

그때 끊었던 TV는 얼마 전 확인해보니 결국 유명을 달리했다. 하지만 우리 집 TV는 아이들 가슴속에 영원히 기억되고 추억이 될 자신감을 주고 떠났다.

# 매일 아이와 함께
# 신문을 읽자

　미국의 명문가이자 세계적인 명문가 집안인 케네디 가에서는 매일 아침 식사 시간의 대화 주제가 '뉴욕타임스' 기사였다고 한다. 케네디 가의 3형제는 '뉴욕타임스'를 읽지 않고는 식탁에 절대 앉지 못했다. 아버지가 아침 식사 자리에서 당일 신문의 이슈들에 대해 아이들에게 질문을 던졌기 때문이다. 그래서 아이들은 그 이슈에 대해서 서로의 의견을 말하는 토론의 시간을 가졌다. 따라서 케네디 가 형제들은 그 토론에 끼기 위해서는 반드시 신문을 읽고 다른 책들도 열심히 참고할 수밖에 없었다. 훗날 케네디는 자신을 대통령으로 만든 케네디 가의 비밀을 묻는 기자의 질문에 "조간신문을 읽고 식탁에서 토론했기 때문이다."고 답했다.

## 아이와의 의사소통을 위한 최고의 도구

신문은 참으로 훌륭한 토론 재료이자 아이들과의 의사소통을 이끌어내는 도구도 된다. 또한, 아침에 아이들에게 부모가 신문을 펴들고 있는 모습을 보여주는 것은 세상사에 대한 관심도 불러일으킬 뿐만 아니라 현실의 여러 가지 현상에 대한 궁금증을 가지게 하는 좋은 계기가 되기도 한다. 어려서부터 아이들에게 신문을 읽는 습관을 들이면 논리적 사고력을 키우는 데에도 큰 도움이 될 수 있으며, 따로 논술 공부를 시키지 않아도, 논술시험 대비까지 가능해진다. 어떤 현상에 대해 자신과 남들의 생각을 비교할 수 있는 비판적 사고력은 물론 지적인 호기심을 키워주는 훌륭한 교육 자료이다. 또한, 신문을 읽고 여러 기사와 사설들을 읽는다는 것은 자기 생각을 마음대로 글로 표현하고 싶은 강한 욕구를 불러일으키기까지 한다. 그러므로 신문으로 아침을 깨우는 것은 잠자는 뇌를 깨우는 것이라 할 수 있겠다.

우리 집의 아침은 여느 아이들이 있는 가정의 모습과는 사뭇 다르다. 아이들이 서로 신문을 차지하기 위해 전쟁을 벌이는 것으로 하루가 시작되기 때문이다. 물론 아직 아이들이 초등학생인 까닭에 스포츠면을 가장 먼저 읽기는 하지만, 나이가 들어갈수록 점점 앞 페이지 속의 세상이 궁금해지기 마련이다. 그렇게 신문을 읽고 나면 아침 식사 시간에 말이 많아진다. 무슨 일이 생겼는데 어떻게 해서 그런 일이 생겼다느니, 어떤 사람이 어떤 말을 했는데 왜 그렇게 말한 줄 아느냐

느니……. 점점 아이들은 세상과 현실에 관심을 두게 되고, 그 관심은 자연스럽게 독서로 이어진다. 아이가 어떤 사실이나 현상에 관해 궁금해할 때 작은 힌트를 주면 아이들은 궁금함을 견디지 못하고 학교 도서관이나 인터넷을 찾아보게 되기 때문이다. 책이나 자료를 찾아 연구한 뒤, 자기가 알아낸 사실을 다른 식구들에게 말하고 싶어 정리를 한다. 요즘 신문들은 정치, 경제, 사회뿐만 아니라 과학, 문학, 역사 등 거의 모든 학문을 다루고 있어 굳이 멀리서 찾지 않아도 호기심을 충족시켜주고 있으니 참 다행스럽다. 아침부터 아이들이 신문을 읽는다는 것은 하루를 호기심으로 시작하는 것이나 마찬가지이다.

아침 신문을 보는 아이들 때문에 아침마다 배꼽 잡을 일도 많다. 둘째인 자우가 4학년이었을 때 일이다. 자우는 우리 가족 중에서도 우뇌가 매우 발달해 있어 그런지 늘 덜렁거리고 꼼꼼하지 못하다. 신문 읽기도 마찬가지인데, 추위가 길게 지속되고 있던 겨울 어느 날, 이것을 뒷받침해줄 사건이 하나 일어났다. 아침 밥상에서 자우는 형과 동생에게 자신이 읽은 신문 내용을 얘기했다.

"형, 요즘 우리나라의 겨울 날씨가 왜 이렇게 추워진지 알아? 과학적으로 무슨 이유 때문일까?"라며, 자우는 뻐기듯이 형에게 질문을 던졌다.

"글쎄, 온난화 때문에 더워야 하는 게 맞는데, 아까 신문에서 나왔는데, 뭐였지?"라는 큰아이의 질문에, "그건 제트기 때문이야! 제트기!"라고 자우는 형에게 으스대며 이야기했다.

"뭐 제트기? 제트기 때문이라고?"라며 큰아이는 어이없다는 듯이 되물었다.

"응 제트기 때문이야. 자세한 이유는 말이야. 음, 뭐냐면……." 하며 자우는 말문을 흐리기 시작했다.

그러더니 결국, "제트기가 너무 많이 날아다녀서 바람이 차가워져서 그렇데."라며 자기가 아는 범위 내에서 결론을 지어버렸다.

그러자 온 집안 식구는 말도 안 된다며 모두가 박장대소하며 밥알을 튀겼다.

이 시대 최고의 덜렁이인 자우의 눈에 제트기류란 말은 낯설었고 급기야 공군사관학교 졸업식 사진의 제트기를 말도 안 되는 자신만의 연상법으로 재해석한 것이다. 결국, 신문을 다시 본 자민이의 제트기류에 대한 정확한 설명으로 자우는 귀여운 망신살을 당하게 되었다. 이후로도 자우는 신문에서 본 이야기를 자랑삼아 이야기하기를 좋아했고 실수는 계속되었다. 그리고 자우의 뜬금없는 상식 때문에 사람들을 놀라게 하거나 당혹스럽게 했다는 이유로 '2퍼센트 부족한 상식 대백과사전'이라고 불리게 되었다.

## 토론 능력을 배가시켜주는 신문

아침 신문을 읽은 아이들은 토론을 하지 않을 수 없다. 읽은 내용을 말하고 싶고 자기만 알고 있는 것이라고 생각되어 자꾸 알은체하고 싶은 것이 아이들의 본능이자 욕구이기 때문이다. 그래서 저절로 아침 밥상에서의 토론은 가장 뜨거운 요리가 된다. 사실 우리가 삶을 살아가면서 사람들과 생각을 나누는 데 있어서 가장 중요한 것 중의 하나가 토론이다. 물론 토론 능력이 중요하지만, 하루아침에 그 능력을 길러주기란 쉬운 일이 아니다. 아이와 함께 토론을 하려면, 우선 시작 단계에서는 일상적인 대화부터 근거 있게 생각하고 조리 있게 말할 수 있도록 이끌어주는 것이 필요하다. 그러다가 점점 격식 있는 토론으로 연결해주면 매우 자연스럽게 아이의 토론 능력을 키워줄 수 있게 된다. 적절한 흥미와 토론 경험이 어우러지면 우리가 살아가는 데 가장 중요한 토론 능력, 즉 설득의 힘을 가질 수 있게 되는 것이다. 그러므로 매일 아침 새로운 주제로 새로운 일들을 만날 수 있으며 세상을 향한 창을 여는 아침 신문은 아이들과 함께 토론 능력도 키우고 세상과 소통하는 가장 훌륭한 교육 시간이 되는 것이다.

학부모 강연을 통해서 아침 신문 읽기에 관해 얘기하면 자주 받는 질문이 있다. 요즘 같은 인터넷 시대에 굳이 종이 신문을 봐야 하느냐는 것이다. 실제 통계를 보더라도 인터넷으로 신문을 본다고 종이 신문을 멀리하는 사람들이 늘어난 것은 사실이다. 인터넷 신문은 무료로 많은 정보를 연계해서 볼 수 있다는 장점도 있다. 게다가 컬러로 된 기사들은 시각적인 관심도도 더 크게 만든다. 또, 동영상까지 볼 수 있는 기사들은 생생한 현실감을 주기도 한다. 하지만 인터넷 신문은 종이 신문에 비해 나쁜 점도 많다는 것을 알아야 한다. 종이 신문을 펼치면 다양한 기사가 한눈에 다 들어오지만, 인터넷 신문은 그렇지가 못하다. 또한, 인터넷 신문은 제목을 보고 찾아 들어가야 하다 보니

'낚시성' 제목에 이끌려 호기심 위주의 자극만 될 뿐, 자세한 이해를 돕는 기사를 만나기란 쉽지 않다. 인터넷의 특징상 꼼꼼히 읽기보다는 빠르게 키워드만 보고 대강 읽게 되니 단순히 기사의 존재만 알 뿐 기자나 논설위원의 생각을 꼼꼼하게 읽거나 파악할 수는 없다. 그래서 인터넷 신문은 대충 제목만 훑어보는 것으로 끝나지만, 종이 신문은 신문사가 심혈을 기울여 기획하고 심층취재한 기사를 처음부터 끝까지 읽어 내려갈 수 있다는 장점을 가진다. 그래서 나는 아이들과 함께 이슈를 정해 토론하는 교육적 목적을 위해서는 종이 신문을 더 권하고 싶다.

요즘은 어린이 신문기자 제도가 활성화되어 있어 각 신문사에 문의하면 아이들도 어린이기자가 될 수 있다. 그러면 자신의 학교에서 발생한 여러 가지 기사를 직접 쓸 수도 있고 다른 어린이기자들과 함께 여러 가지 행사를 통해 의견을 나누는 토론의 기회도 가질 수 있다. 이렇게 아이들이 자신이 직접 기사를 써보고 토론하는 기회를 얻게 되면 사고의 폭도 넓히고 표현력을 키울 수 있다. 물론 자신의 기자 체험에 대한 자부심의 깊이가 곧 그 아이 자신의 꿈과 미래를 향한 노력과 성장에 가장 큰 에너지가 될 것이다.

현대는 융합의 시대이다. 뭐 하나만 특별한 능력을 갖춰도 되던 시대는 지났다. 미래사회의 리더가 되려면 반드시 갖춰야 할 능력이 바로 RSW 능력이다. RSW는 다음과 같은 능력을 일컫는다.

Reading, 책을 많이 읽어 종합적 사고를 할 수 있는 능력
Speaking, 설득력 있게 잘 말할 수 있는 능력
Writing, 감동적인 글을 쓸 수 있는 능력

따라서 신문을 읽고 토론하며 기사를 써보는 것은 미래의 리더가 되기 위한 RSW 능력을 갖추기 위한 가장 쉽고 간단한 길이다. 아빠가 아이들과 함께 신문을 읽고 토론하며 기사를 써보는 것은 자녀를 훌륭한 인재로 키우는 최고의 리더십 과정인 셈이다. 지금까지 집에서 신문을 보지 않았던 아빠라면 이제부터라도 아이를 위해 종이 신문 하나쯤 보는 것도 좋은 아빠가 되는 길이라고 생각된다.

## 04
·····

# 훌륭한 아이로 키우는
# 베갯머리 독서법

아이가 어렸을 때부터 독서를 하도록 하는 데는 다 이유가 있다. 아이의 독서 습관을 대수롭지 않게 생각하고 크면서 독서도 느는 것이라 여기는 부모들을 종종 봐왔다. 그러나 그것은 정말이지 큰 실수를 범하는 것이다. 독서 습관은 어릴 때부터 키워주지 않으면 책을 읽는 아이의 모습을 보기 더 힘들어질 수 있다. 아이가 자연스럽게 책을 읽는 모습을 기대하기에는 유혹이 많은 현대 사회이기에 더욱 그러하다.

### 베갯머리 독서법으로 키우는 내 아이 독서 습관

갈수록 빠르게 변화하는 시대에 우리 아이들은 놓여있다. 끊임없이 배워도 변화를 따라가기 힘들 정도인데, 변하는 세상에 잘 대응하기 위해서는 독서가 평생의 생활습관으로 자리 잡고 있어야만 한다. 그럼에도 불구하고 디지털의 발달과 잘못된 부모의 독서 강요 때문에 아이들의 독서량은 갈수록 줄어들고 있다. 그러다 보니 아이들의 학업능력이 떨어지는 것은 당연한 결과가 되었고, 미래에 대한 욕구도 점차 약해지고 있다. 이런 폐해를 줄이고 아이에게 올바른 독서 습관을 들여주고 독서에 대한 호감을 늘려주는 가장 중요한 열쇠가 하나 있으니, 바로 아이가 잠자기 전 책을 읽어주는 '베갯머리 독서법'이다.

유대인 엄마, 아빠들은 매일 잠들기 전에 아이에게 15분 이상 책을 읽어준다고 한다. 낮에는 아이 스스로 책을 읽게 하고 잠자기 전에는 부모가 아이에게 따뜻한 스킨십과 함께 사랑을 전하는 책 읽기를 실천하는 것이다. 유대인들은 이렇게 베갯머리에서 책을 읽어주는 것을 신의 은총을 아이에게 느끼게 해주는 것이며, 동시에 부모의 사랑을 전하는 의식이라 생각하고 매일 이것을 실천한다. 이렇게 부모의 책 읽기가 반복되다 보면 아이는 자연스럽게 책과 친해지게 된다. 결국, 유대인들의 책 사랑은 부모의 노력과 사랑이 만들어낸 결과물이라고 전문가들은 전하고 있다.

이 베갯머리 독서는 특히 아버지에게 꼭 권하고 싶다. 아이들과 많은 시간을 가질 수 없는 바쁜 아빠로서 아이에게 아빠가 자신을 정말 사랑하고 있다는 메시지를 가장 잘 전달할 수 있는 기회가 바로 아이가 잠자리에 들기 전이다. 아이는 잠들기 전, 평온한 마음 상태에서 아빠의 따뜻하고 사랑이 듬뿍 담긴 목소리와 스킨십을 받을 때, 아빠의 사랑을 제대로 느낄 수 있는 최고의 순간이 될 것이다. 따라서 베갯머리 독서 시간은 책만을 읽는 시간이 아니라 아이와의 스킨십과 정을 나누는 시간이라고 생각하는 것이 좋다. 이 시간을 통해 아이는 독서도 하고, 정서적으로도 안정을 찾을 수 있게 될 것이니, 아빠와의 유대감 형성에도 큰 도움이 될 수 있을 것이다. 특히 아빠가 책을 읽을 때, 책 속 주인공의 이름 대신 아이의 이름으로 바꿔 읽어주면 공감 백배의 효과를 얻을 수도 있다. 그러면 아이는 마치 주인공이라도 된 것처럼 우쭐대며 좋아할 것이다. 이 베갯머리 독서는 자존감을 높이는 방법으로도 좋을 뿐만 아니라, 아이가 주인공과 자신을 일치시키며 자신의 언어와 행동을 바꾸려고 노력하는 데에도 효과적이다. 이런 아이의 모습을 보면 아빠에게도 아이와 함께 보내는 이 시간이 독서 습관을 위한 자리를 넘어서서 즐거움과 행복감을 맛보게 되는 자리가 될 수 있다.

### 아빠와 아이가 상호작용하는 베갯머리 독서법

부모 강연을 통해 아이와의 상호작용에 좋은 베갯머리 독서법을 젊은 아빠들에게 알려주면 반드시 따라오는 질문이 있다. 아이와 사랑을 나누는 것은 좋은데 아이가 더 잠을 자지 않고 놀려고 하는 경향이 있어서 곤란한 경험을 많이 했다는 것이다. 잠자기 전에 하는 베갯머리 독서는 왕성한 뇌 활동이 이루어지는 낮 독서 시간과는 책의 선택이 달라야 하는 것을 주의해야 한다. 낮에는 아이가 흥미진진하게 생각하는 책을 주로 읽는다면 잠자기 전에는 아이의 심신을 풀어주며 마음의 안정을 가져다줄 수 있는 편안하며 교훈이 있는 책을 읽어주길 권하고 싶다. 예를 들면, 이솝 우화나 탈무드 이야기 등과 같은 작은 일화가 담긴 마음의 안정과 평온함을 가져다주는 책들이다. 경우에 따라 여러 종류의 책을 읽어주는 것도 좋지만, 평상시에 아이가 스스로 찾아 읽지는 않지만 꼭 읽었으면 하는 책들을 베갯머리 독서 시간에 읽어주면 더 좋은 시간이 될 것이다. 이 시간에는 좋은 책이나 아이가 재미가 없다고 느끼는 책이라도 상관없다. 아이의 수준보다 조금 높거나 조금 어려운 책도 무방하다. 좋은 책이지만 어려운 책을 아이가 스스로 찾아 읽기는 힘들다. 따라서 아이가 잠자기 전 아무 부담 없는 베갯머리에서 아빠가 시간을 내어서 반복해서 읽어주면 된다. 그럼 아이의 잠재의식 속에서 반복되는 구절들이 조금씩 의미를 찾아가는 마법을 맛보게 될 것이다. 또한 이런 책들의 가장 좋은 점은 아이에게 책을 읽어주었을 때, 아이는 나른한 몸과 평온한 마음으로 금세 잠에 빠져든다는 것이다.

아이가 어느 정도 성장해서 잠자기 전 베갯머리 독서를 실천하기가 어색하다면 아이와 함께 일주일에 한 번씩 독서토론의 시간을 가져보면 좋다. 시간을 정해서 일주일에 한 시간 정도는 아이와 함께 일주일 동안 읽은 책에 관해 토론을 하면 아이는 책을 읽는 것에 그치지 않고 그것을 스스로 소화하려고 애쓰고 자기 생각을 정리하는 데 열정을 쏟게 된다. 또한, 아버지의 다른 의견이나 생각을 공유하며 자기 생각과 의견을 좀 더 발전시켜 나갈 수 있는 시간이 될 수 있다.

독서토론은 누군가와 함께 책을 읽고, 읽은 내용에서 토론이 될 만한 주제를 뽑아 각자의 생각을 교환하는 말하기이다. 흔히 토론이라고 하면 토론대회 같은 형식 토론만을 떠올리기 쉽지만, 사실 토론 전개의 핵심이 되는 의견 내세우기와 반론 잠재우기와 같은 과정은 일상생활 속의 많은 대화에서도 기본이 되는 기술이니 어렵게 생각하지 않아도 된다. 아이들과 함께 책을 읽은 후 토론을 하게 되면 아이들은 사물이나 사건에도 여러 관점이 있을 수 있음을 알게 되고 인식의 폭을 넓게 가지는 계기가 된다. 가정에서 아이와의 토론이 습관화되면 아이는 양면적 사고가 가능해지며, 설득적인 말하기 방식도 터득하게 된다. 토론을 통해 아이에게 이런 능력이 키워지다 보면 책을 더 잘 읽을 수 있는 계기가 될 수 있다.

이처럼 어릴 때부터 아빠가 베갯머리 독서와 독서토론을 아이에게 경험하게 해준다는 것은 아이가 성장하고 발전하는 데 꼭 필요한 최고의 역량을 키워주는 것이나 마찬가지이다. 그뿐만 아니라 아이는 자신의 지적 능력을 아빠와 함께 키우는 과정에서 아빠에 대한 신뢰와 존경심을 갖게 될 것이다. 한마디로 아빠표 베갯머리 독서와 독서토론은 아이와의 정서적 교감과 아버지의 권위를 동시에 얻는 최고의 자녀교육 방법인 셈이다.

## 05
......

# 역지사지 대화법을
# 실천하자

아이가 성장하면서 가장 크게 염두에 두어야 할 것이 바로 아이와의 소통이라고 할 수 있다. 아이는 자라면서 부모에게 말하는 횟수가 점점 줄어든다. 무슨 중요한 일이 있어도 입을 끝내 다물어버리고는 그 문제가 심각해질 때까지도 부모가 모르는 경우가 많다.

### 아이를 크게 키우는 아빠 대화법

부모라면 아이가 무슨 생각을 하고 있는지 지금 상태는 어떤지를 잘 알아둬야 하는데, 그때 필요한 것이 바로 대화법이다. 어렸을 때부터 이런 부모의 노력이 실천되었다면, 아이는 부모와 대화하는 데 어려운 점은 없을 것이다. 그렇지만 가부장적이거나 권위적인 성격의 아빠의 경우라면 이야기는 달라진다. 그럴수록 대화는 한쪽으로 치우쳐지기 때문에 아이는 아빠와의 대화 자체를 거부하고 만다. 아이와의 의사소통 문제는 엄마보다는 아빠와의 소통에서 많은 부분이 문제가 되고 있다. 아이는 특히 아빠와 소통이 잘 되어야만 자신감을 갖고 자신의 미래를 개척할 수 있는데, 대부분의 아빠는 아이와의 소통에 많은 어려움을 겪고 있는 것이 사실이다. 아무리 좋은 교육을 알고 있어도 아이와 소통이 되지 않거나 마음을 열지 못한다면 아빠의 말씀은 조언이나 충고가 아닌 백해무익한 잔소리가 될 뿐이다. 그렇다면 아빠는 많은 사회적 지식과 배경지식을 가지고 있는데도 왜 자신의 아이와는 소통하지 못하는 것일까? 도대체 아빠는 아이와 어떤 대화법으로 소통해야 하는 걸까?

최고의 요리사란 찾아온 손님이 무엇을 원하는지를 잘 알고 그가 원하는 음식을 내놓는 사람이다. 무조건 기름지고 현란한 음식이 가장 좋은 음식이 아니다. 마찬가지로 아빠가 아이와 소통을 잘하고 싶다면 자신이 하고 싶은 이야기를 아이에게 하는 것이 아니라, 듣는 아이의 입장에서 아이의 수준과 입장에 맞는 이야기를 해야 한다. 이것은 바로 일방통행의 아빠들이 자주 저지르는 불통의 이유가 된다. 자신이 하고 싶은 대로 아이의 기분을 전혀 고려하지 않고 그냥 마구 윽박지르기만 하니 아이가 어떻게 아빠와의 대화에 호의적일 수 있겠는가?

또한, 아이에게 용기를 주고 격려가 되는 대화는 아빠 스스로 감동하는 말이 아니라 청자인 아이가 감동할 수 있는 말이어야 한다. '나' 자신이 아닌 '아이'의 입장이 되어 말해보자. 상대를 배려하지 않는 말은 죽은 말이다. 역지사지는 상대의 욕구를 알고 반영하는 것으로, 아이의 입장에서 생각해보고 아이의 입장에서 말해야만 아이와 잘 소통하고 아이를 원하는 방향으로 잘 설득할 수 있는 것이다.

말을 하다 보면 가장 중요한 핵심을 잊는 경우가 많다. 스스로 자신의 말에 도취되어 메시지를 잊는 경우가 바로 이것이다. 말은 말을 듣는 사람을 만족하게 해야 함을 항상 잊지 않아야 한다. 자기 혼자만 만족하는 말은 피하고 상대방의 입장이 되어 생각해야 함을 잊어서는 안 된다. 따라서 아이와 대화를 시작하기 전에 아이가 무엇을 원하는지 아이의 욕구 파악을 정확히 알고 나서 대화를 시작해야 한다. 그래야만 아이가 대화에 참여하고 싶어 하고 또 자신의 욕구를 알아주는 아빠에 대한 호감도 상승하게 될 것이다. 설사 논쟁이 발생하더라도 아이의 욕구를 제대로 파악한 아빠는 아이와 재협상도 잘할 수 있는 것이다. 이것이 바로 모든 대화의 기본인 역지사지 대화법이다.

### 역지사지 대화법을 실천하기 위한 2가지 방법

대화의 기본인 역지사지 대화법을 실천하기 위해서는 다음의 2가지를 반드시 알아두어야 한다.

첫 번째, 감정의 역지사지가 필요하다. 즉 아이의 감정을 먼저 읽어야 한다. '지금 아이의 기분이 어떨까?'라고 생각한 뒤에 대화를 시작하는 것이다. 아이의 감정을 읽지 못하고 자신만의 감정만 내세우면 그 대화는 대화가 아닌 명령이나 지시가 되고 말기 때문이다. 그런 일들이 쌓이게 되면 아이는 아예 아빠와의 대화를 거부하고 마음을 닫게 된다. 예를 들면, 때때로 아이가 대화를 거부하며 아예 대꾸하기 싫어할 때도 있다. 그때 상당수의 아빠는 대답을 강요하게 된다. 사실 누구나 종종 이런 비슷한 경험을 한 적이 있을 것이다. 말하기 싫은데 억지로 말을 강요하는 것만큼 사람을 힘들게 하는 것은 없다. 그럴 때 대부분의 아빠들은 "너 왜 대답이 없니?" "어서 대답해!" "똑바로 앉아!"라며 답답한 마음에 윽박지르게 된다. 사람은 누구나 침묵하고 싶을 때가 있기 마련이다. 사춘기 청소년은 더 그렇다. 그럴 땐 아이의 감정을 읽고 굳이 말이라는 것을 강요하지 않는 게 좋다. 부모가 자식 간의 관계를 내려다보고 강요하는 순간 눈높이 대화는 깨지는 것이다. 기다리다 보면 아이도 분명히 말을 하고 싶어 할 때가 온다. 그때까지 차분히 기다려주면 된다. 물론 훈계도 필요하지만, 훈계로만 끝내지 말고 자녀가 원하는 게 무엇인지 진심으로 경청하는 자세가 필요하다. 상담하는 부모들의 사례를 들어보면 아이에게 하는 말의 분량이 많아질수록 아이는 부담스러워하게 되고 말문을 더 꽁꽁 닫게된다. 따라서 아이와의 효과적이고 원활한 소통을 위해서는 아이의 감정을 역지사지 하는 것이 가장 중요하다.

두 번째, 공감의 역지사지가 필요하다. 아이가 처한 상황이나 실수에 대해서 공감하는 것이 중요하다는 것이다. "넌 왜 그렇게 했느냐?"

"도대체 네가 생각이 있는 거니? 없는 거니?"라며 부정적 상황에 대해서 추궁하거나 비난하면 아이와의 대화의 문은 닫히고 만다. 그러기보다는 "일이 그렇게 되어 많이 속상하지?" 또는 "아빠도 그런 비슷한 경험이 있었어."라며 아이와의 공감을 이끌어내야만 아빠가 하고 싶은 이야기에 아이도 공감하게 된다. 아이가 아빠와 공감해주길 먼저 바라지 말자. 예를 들면, "네가 한번 생각해봐, 아빠가 왜 그렇게 했겠니?"라는 공감을 강요하는 것은 오히려 아이와의 대화를 막고 벽을 쌓는 계기만 될 뿐이다. 먼저 아이의 입장에 대한 공감을 표현한 후에 아이에게 아빠의 마음을 표현하면 아이도 쉽게 공감하며 자신의 잘못을 뉘우칠 수 있을 것이다.

아이와 대화를 할 때. 이렇게 해보자. 아이가 뭔가를 물어보거나 하루 동안 있었던 이야기를 할 때 성실하게 공감을 해주는 것이다. 아이의 말에 아빠가 대답을 하지 않으면 아이는 불안해지기 마련이다. 아무리 바쁘더라도 아이의 말을 자르지 말고 "그랬구나!" "정말?" 등 간단하게라도 공감 해주는 것이 좋다. 부모가 자신의 말을 잘 들어준다는 것을 아이가 알게 되면, 자연스럽게 부모와의 신뢰가 형성되고 그것은 곧 아이의 정서적 안정감으로 이어진다. 결국, 아이는 아빠와 대화하는 것을 좋아하게 되고 둘 간의 소통이 더 잘 이루어질 수 있을 것이다.


이렇게 감정과 공감의 역지사지를 위해서 내가 자쓰리 브라더스에게 실천하고 있는 기술을 하나 알려주고 싶다. 아이와 함께 감정과 공감의 역지사지를 하기 위해서 반드시 선행되어야만 하는 것이 바로 스킨십이다. 나는 아침에 일어나자마자 아이와 눈만 마주치면 뽀뽀하며 잘 잤느냐는 인사를 나눈다. 또한, 개인별로 대화를 나눌 때에는 소파든 식탁 의자든 아이를 무릎에 앉히고 눈을 마주치며 이야기를 나눈다. 가장 가까운 거리에서 눈을 마주치며 대화를 나누게 되면 서로의 온기가 느껴지며 서로에게 더 적극적인 공감을 하게 된다. 요즘 사춘기에 접어든 큰아이에게는 일부러 더 스킨십을 자주 하며 이야기를 나눈다. 그러면 감정과 공감의 소통이 잘 이루어짐은 물론 아이에게도 안정감과 행복감을 주는 대화를 나눌 수 있다.

아이와의 소통에서 감정을 역지사지하고 공감을 역지사지한다면 서로 통하는 그야말로 같은 방향을 함께 바라보는 일치감을 맛볼 수 있을 것이다. 아빠로서 내 입장을 강요하기보다는 아이의 입장을 먼저 살펴보고 공감하며 대화한다면 아이는 더 적극적으로 아빠의 감정을 역지사지하고 공감을 역지사지하려고 노력할 것이다.

## 06
······

# 시간 날 때마다
# 아이와 함께 놀아주자


최근 초등학생 9,803명을 대상으로 실시한 한 설문에 따르면, 아이들의 최대 고민은 '학교 성적(32퍼센트)'이었다. 학교 성적 다음으로는 '친구관계(14퍼센트)', '무서운 담임선생님(13퍼센트)' 순으로 고민하는 것으로 나타났다. 또한 친구를 사귈 때도 학교 성적에 부담을 느끼는 것으로 조사됐다. '새 학년에는 어떤 친구와 친해지고 싶으냐'는 질문에는 응답자의 33퍼센트가 '공부 잘하는 친구'를 꼽았다. 이어 '착하고 친절한 친구(23퍼센트)'와 '재미있는 친구(15퍼센트)'가 그 뒤를 이었다. 이 조사결과를 보면 아이들이 초등학생 시기부터 친구와의 관계나 학업 성적 등으로 많은 스트레스를 받고 있다는 것을 알 수 있다.

## 아이에게 필요한 것은 '조기교육'이 아닌 '놀이'다

학업 스트레스에 시달리는 아이들을 위해 아빠가 해줄 수 있는 최고의 선물은 무엇일까? 그것은 바로 놀이이다. 아이들이 스트레스를 날리고 신나게 놀 수 있는 것도 놀이이며 가장 몰입할 수 있는 것도 놀이이다. 또한 아빠는 아이와 몸으로 놀아주며 아이의 에너지를 발산할 수 있게 해주며, 그것을 통해 아이와 교감하고 정서적 유대감까지 쌓을 수 있게 된다. 많은 시간을 투자하지 않아도 아이들과 신나게 땀 흘리며 놀 수 있는 것은 엄마보다는 아빠의 역할이라고 할 수 있다. 아빠와 어린 시절 신나게 놀았던 아이는 훗날 어른이 되어서도 아빠와의 소통과 교감을 잘할 수 있는 좋은 추억을 가진 아이가 된다.

이렇게 아이들에게 가장 필요한 놀이가 안타깝게도 요즘 아이들의 생활 속에서 사라지고 있다. 이와 함께 놀이의 종류와 형태도 다분히 개인적인 형태로 급격히 변화하면서, 아이들의 창의성과 인성 함양에도 부정적인 요인으로 작용하고 있다. 이런 놀이가 사라지는 이유는 '조기교육'이라는 명분으로 학교생활 이외의 시간을 사교육이 차지하면서 일상생활에서 아이들이 신나게 놀 수 있는 기회가 감소하고 있기 때문이다. 또 컴퓨터와 스마트기기의 보급으로 오락거리가 상시적으로 제공되는 각종 주위 환경도 놀이문화 감소에 큰 요인으로 작용하고 있다.

이런저런 이유로 아이들의 실외 놀이의 기회는 급격하게 줄고 있고, 또래 문화에 익숙해지기 전에 혼자 노는 습관에 익숙해지는 아이들이 증가하고 있는 실정이다. 또래끼리 어울리는 놀이문화가 사라지니 실내에서 게임을 하거나 그것도 혼자 노는 아이들이 갈수록 증가하고 있다. 이런 놀이문화의 쇠퇴는 결국 아이들의 정신건강을 해치는 것은 물론 사회성과 협동심, 인내심 등과 같은 좋은 인성 형성의 길을 방해하고 있다. 이런 현상 때문에 아이들은 점점 더 스트레스를 해소할 길을 잃어가고 있어 안타깝기만 하다.

## 아빠, 아이와 자연 속에서 맘껏 놀아라

아이들의 올바른 인성 함양과 건강한 신체를 키워주고 싶다면 아빠가 나서야만 한다. 엄마가 놀아주기에는 에너지가 많이 부족한 게 사실이다. 특히 남자아이일 경우에 더욱 그렇다. 실내에서라도 놀이를 함께 즐길 수 있다면 좋지만, 실내가 아닌 야외에서 아빠와 함께 땀 흘리며 실컷 놀이를 즐긴다면, 아이들은 스트레스를 해소할 수 있을 뿐만 아니라 건강한 정신과 인성을 키울 수 있을 것이다. 이런 놀이문화는 신체적, 정신적 건강을 해치게 만드는 스마트폰이나 인터넷 게임을 벗어나 친구들과 놀이를 통해 우정을 나누고, 아빠와도 좋은 추억을 쌓을 수 있는 계기를 마련해줄 것이다. 아빠나 또래 아이들과 놀이를 하다 보면 혼자 했을 때보다 훨씬 창의적인 놀이를 탄생시킬 수도 있으며, 함께하는 놀이를 통해 인성과 감성, 협력과 배려심을 키워줄 수 있게 된다. 점점 각박해져 가고 개인주의가 만연하게 된 세상에서 아이에게 놀이를 통한 인성교육으로 올바른 협력과 배려를 가르치는 것이 아빠의 의무이자 권리라고 말하고 싶다.

특히, 내가 아빠들에게 권하고 싶은 놀이는 아이에게 창의성과 좋은 인성을 키워주는 데 가장 좋은 자연 놀이이다. 일단 자연은 사시사철 무한대의 변화가 있어, 느끼며 감상하는 것 자체만으로 아이의 정서발달과 인성발달에 매우 좋다. 아이는 자연의 변화 속에서 자연의 신비로움을 깨닫고 관심을 갖게 될 것이다. 또한, 자연의 따뜻한 포용력과 다양한 자연물들은 아이들의 호기심을 자극하기에 충분하기 때문이다.

나는 자쓰리 브라더스와 함께 집 근처에 위치한 뒷산에 자주 올라가는 편이다. 아이와 산길을 걸으면서 자연스럽게 대화도 하며 속내를 털어놓기도 하고 솔방울이나 돌, 나뭇가지 등과 같은 자연물들을 이용해 아이들이 장난감처럼 활용하여 놀게 한다. 그러면 아이들은 친구들에게만 했을 얘기도 내게 조잘거려주기도 하고 개그맨보다 더 큰 웃음을 주기도 한다. 또 무한한 상상력을 펼치기도 해서 나를 무척 놀라게 할 때가 많다. 예를 들면, 내가 여러 가지 자연물을 이용해 자기를 표현해보라고 하면 아이들은 저마다 찾아온 솔잎으로 삐죽하게 솟은 머리카락도 만들고, 작은 돌멩이로 얼굴에 난 여드름까지 표현해낸다. 그것으로도 모자라 자기와 제일 친한 친구까지 소개하며 창의적 만들기에 푹 빠져든다.

또 자쓰리 브라더스가 가장 좋아하는 자연 놀이 중에 나무와 대화하기를 아빠들에게 추천하고 싶다. 아이에게 나무를 껴안고 나무와 대화하기 놀이를 하자고 제안해보자. 어른들에게 해보라고 하면 괜히

창피하기도 하고 민망함에 어찌할 바를 모르겠지만 아이는 다르다. 내가 '나무와 대화 한번 해보렴.' 하면 아이는 정말 순수한 마음을 활짝 열고 나무와 대화를 시작한다. 사실은 나무와의 대화라기보다는 자기가 하고 싶은 말, 하고 있는 생각들, 부모에게 요청하고 싶은 말들을 마구 쏟아낸다. 때로는 아이가 답답하게 생각하는 일, 예를 들면 친구에게 왕따를 당해 답답한 마음을 실컷 토해내며 눈물을 흘리는 아이들도 있을 것이다. 이렇게 하면서 그 아이는 스스로 힐링을 하게 되고 위로를 받게 된다.

여러 가지 놀이를 통해 아이와 아빠는 더 친해지고 깊은 교감을 가질 수 있다. 하지만 아이와의 놀이가 더욱 중요한 이유는 아이가 평생 간직할 아빠와의 행복한 추억을 만들고 있다는 점이다. 바쁘다는 핑계로 아이가 평생 간직할 수 있는 추억을 만들 수 있는 기회를 놓치지 말자. 그것은 마치 아이의 돌 이전 모습을 담고 싶어 하면서도 내년에 더 좋고 싼 캠코더가 나오길 기다리다 아이의 소중한 시간을 간직할 기회를 잃어버리는 것과도 마찬가지이다. 아이는 결코 기다려주지 않는다는 것을 명심 또 명심해야만 한다.

<h1 style="text-align:center">07</h1>

# 나눔을 함께 실천하자

세상에서 가장 현명한 자는 배움을 멈추지 않는 사람이고,
세상에서 가장 강한 사람은 나를 이기는 사람이고,
세상에서 가장 행복한 사람은 매사에 감사하는 사람이다.

## 유대인의 기부 저금통 체다카

개인이 행복하기 위해서는 개인과 일, 가족이라는 이 3가지 축이 잘 어우러져야 한다. 개인이 일에서 만족을 느끼고, 그 가족이 화목할 때 더 나아가 사회 전체가 행복해지기 때문이다. 여기서 중요한 것은 개인 행복의 의미가 '내가 행복해야 한다.'는 것이 아니라 '내가 남에게

행복을 주어야 한다.'는 점이다. 나의 욕심을 비우고 타인에 대해 배려하고 감사할 때 얻는 행복은 더 높은 차원의 행복으로, 나뿐만 아니라 사회 전체를 밝힐 수 있는 것이다. 그렇기에 행복에 있어 가장 중요한 엔진이라고 볼 수 있는 부분이 '감사'이고, '감사'가 곧 행복의 뿌리가 된다는 것이다.

결국, 사랑하는 아이와 함께 행복해지고 싶다면 우리는 매사에 감사하며 그 감사에 보답해야만 한다. 비록 알지 못하는 이웃이지만, 그 이웃을 위해 중요한 시간과 노력을 할애해 나눔과 배려를 아이들에게 가르치고 싶다면 아빠로서 무엇을 해주는 것이 좋을까? 그것에 대한 가장 이상적인 해답은 유대인을 통해서 얻을 수 있을 것 같다.


전통적으로 유대인 가정에는 어린아이부터 어른까지 각자의 저금통에 적은 돈을 모으는 습관이 전해져 내려온다. 유대인이라면 누구나 하나씩 가지고 있는 것이 있는데, 그것이 바로 '체다카'(Tzedakah)라고 불리는 특별한 용도를 지닌 저금통이다.

체다카는 기부를 위한 저금통인데, 유대인 아빠들은 아이가 생후 8개월이 됐을 때부터 이 체다카를 선물한다. 아직 걷지도 못하는 아이 때부터 유대인은 자신이 모았거나 받은 동전을 자신의 체다카 안에 모은다.

이 체다카가 가득 차면 그 돈으로 가족들이 외식을 하거나 갖고 싶은 것을 사는 데 쓰는 것이 아니라, 아이는 아빠와 함께 복지원이나 가난한 사람들이 사는 곳에 찾아가 자신이 모은 체다카를 기쁜 마음으로 선물하고 온다. 체다카를 선물하고, 돌아오는 길에 아빠는 아이에게 이렇게 얘기한다고 한다.

"나의 사랑하는 딸아. 오늘 네가 행한 선행은 너의 영혼은 물론 도움을 받은 이들의 영혼도 함께 구원할 거야. 너는 오늘을 계기로 훌륭한 사람으로 거듭나게 될 거야. 나는 네가 정말 자랑스럽기 그지없단다. 아빠는 네가 앞으로 더 큰 체다카로 더 큰 선행을 하길 기도할 거란다. 사랑한다. 딸아!"

이 체다카라는 말은 유대인 시장에서도 쓰이는 말로, 유대인 시장에서는 오후가 되면 상인들이 팔던 물건의 일부를 비닐에 담아놓거나 한쪽으로 떼어놓는다. 이것은 우리가 마트에 가면 마감 시간에 세일을 하기 위해 비닐봉지에 상품을 담아놓은 모습을 상상하면 된다. 하지만 이 물건은 '마지막 떨이 세일'의 용도가 아니라 가난한 사람들이 자유롭게 무료로 가져갈 수 있게 하기 위한 상인들의 배려다.

이처럼 유대인들에게 기부와 자선은 어렸을 때부터 생활 속에 뿌리 깊게 자리하고 있다. 일반적으로 유대인들은 소득의 10분의 1을 기부하는 데 쓰고 있으며, 자신에게 축적된 부를 사회에 환원하는 데도 모두가 앞장서고 있다.


재미있는 사실은 히브리어에는 '남에게 베풀다'라는 자선을 의미하는 단어가 없다고 한다. 가장 비슷한 말이 바로 체다카(Tzedakah)라는 단어인데, 이는 '해야 할 당연한 행위'라는 뜻을 가지고 있다. 다시 말하면 유대인들은 자선을 당연히 해야 할 의무로 여기고 있는

것이다. 그래서 유대인들은 기부를 위한 저금통을 체다카라고 부른
다고 한다.

## 아빠, 아이에게 인생의 가치관을 만들어주다

내가 아이들에게 아빠로서 가장 강조하는 것은 남에게 도움이 되
고, 힘이 되고, 용기를 주는 사람이 되라고 가르치는 것이다. 아이들에
게 훌륭한 꿈을 그리고 그 꿈을 이루기 위해서는 나만을 위한 꿈이 되
어서는 안 된다. 그런 꿈은 결국 포기하거나 작아지게 마련이다. 왜냐
하면, 꿈을 이루기 위해 노력하다 힘들면 조금 덜 힘들고 적당히 살아
가는 길을 택하는 것이 인간의 나약함이다. 그러나 내가 아닌 다른 사
람들을 위해 그렸던 꿈이라면 나를 기다리는 사람들을 위해서도 그
꿈을 결코 포기할 수가 없다. 그래서 나 아닌 다른 많은 사람들을 위
한 훌륭한 꿈이 사람을 더욱 강하게 만드는 것이다. 이런 큰 꿈을 꾸
고 그 꿈을 이루기 위해 최선을 다하도록 인생의 방향을 아이와 함께
생각하고 정하는 것이 아빠로서의 가장 큰 의무이자 권리이다.

그래서 아빠들은 기회가 닿는 대로 아이와 함께 남을 도울 수 있거
나 기부할 수 있는 기회를 만들려고 애써야만 한다. 아빠가 적극적으
로 아이와 함께 유대인의 체다카를 만들어보자. 아이가 1년 동안 열
심히 모은 동전이나 지폐를 자신을 위해 쓰는 게 아니라 다른 사람들
을 도와 기쁨을 맛보도록 하는 것이다. 그것이 바로 아빠가 아이에게
인생의 가치관을 깨닫게 해주는 위대한 선행이 될 것이다.

또한, 기회가 닿는 대로 되도록 규칙적으로 봉사활동을 경험하게 하자. 한 달에 한 번 정도 아이들은 자신이 얼마나 행복한 사람인지 또 얼마나 훌륭한 사람인지 스스로 깊게 느끼게 될 것이다.

나는 자쓰리 브라더스와 함께 할아버지, 할머니가 계시는 요양원으로 봉사활동을 자주 간다. 요양원에서 나와 아내는 청소며 허드렛일을 주로 하고, 아이들은 몸이 불편하거나 때로는 약간의 치매로 고생하시는 어르신들을 보살피곤 한다. 처음에는 자쓰리 브라더스도 치매 어르신들을 보고서 놀라거나 다소 거부감을 가진 적이 있었다. 갑자기 소리치는 할머니에게 놀라서 막내는 울음을 터뜨리기도 했다. 그래서 나는 아이들에게 요양원에 계신 할아버지와 할머니에 대해 얘기해줬다. 아이들이 가장 좋아하는 시골에 계신 할아버지, 할머니의 친구분들이 바로 이곳에 계신 분들이라고, 그런데 지금 몸이 좀 편찮으셔서 이곳에 계신 것뿐이라며 알려줬다. 그리고는 할아버지, 할머니의 손자손녀들은 이곳에 없어 많이 그립고 보고 싶으실 거라고도 했다. 그랬더니 아이들은 언제 할아버지, 할머니를 무서워했느냐는 듯이 어르신들과 친해져서 친손자처럼 애교도 부리면서 재롱까지 부렸다. 마치 친할아버지, 할머니를 대하듯이 아이들은 어깨도 주물러 드리고 서로 사랑을 받겠다며 야단법석을 부리기도 했다. 그 모습을 보니 아이들을 데리고 와서 오히려 내가 더 큰 선물을 받은 것처럼 기뻤다.

요양원에서 돌아오는 길, 아이들은 그렇게 행복한 표정을 지을 수가 없었다. 마치 자신이 누군가에게 큰 도움이 되고 그런 일을 할 수 있다는 것이 너무도 행복하다는 표정이었다. 내 아이들에게 이런 경험들이 쌓이면 쌓일수록 더 많은 사람들에게 더 큰 도움을 줄 수 있는 어른으로 커 나가길 바란다. 또한, 많은 아빠들도 이와 같은 경험을 아이와 꼭 한번 해보길 바란다. 무한한 아이의 변화가 기다리고 있을 테니 말이다.

아들, 딸 양육에는 엄마의 몫만 있는 것은 아니다.
아빠는 아들과 딸의 다른 성향을 인지하고
각자의 성향에 존중하는 태도를 가지는 것이 필요하다.

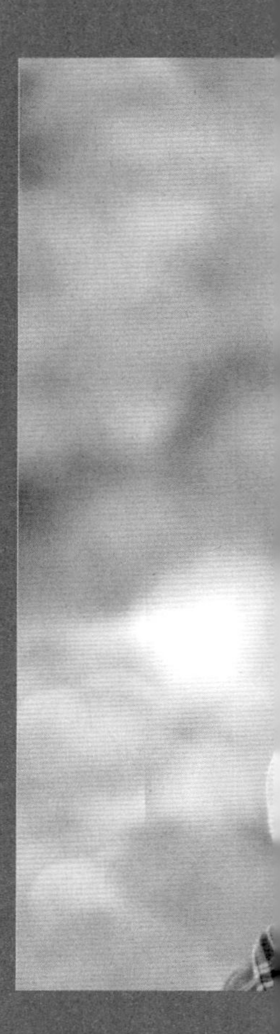

# 아들, 딸 잘되게 하는 아버지 효과

# 01

# 아들과 딸의
# 다름을 받아들이자

불과 20~30년 전만 하더라도 대부분의 전문가들은 남자와 여자가 같은 성향을 가지고 태어나지만, 자라면서 부모의 양육방식이나 남녀에 대한 사회적 편견 때문에 차이가 생기는 것이라고 주장했다. 하지만 최근 뇌 과학이 발달함에 따라 아들과 딸의 성별 차이는 과거에 생각했던 것보다 훨씬 본질적이고 중요하다는 것이 속속 증명되고 있다. 이런 연구들은 한결같이 남자와 여자는 뇌 구조부터 시각체계, 청력 등이 생물학적으로 다르게 프로그램화되어 있다는 것을 보여주고 있다.

## 아들과 딸, 뇌 구조부터 다르다

개인적인 차이는 있겠지만, 대부분의 아들은 더 넓은 공간을 차지하고 싶어 하는 반면에 딸은 사회적 상호작용에 더 집중한다. 이렇듯 아들과 딸은 태어날 때부터 능력이나 기호, 성향에 차이를 가지고 있다. 이러한 이유로 아이들을 키우고 가르치는 방식도 성별에 따라 달라져야 하는 것이 맞다. 아울러 이런 특징들을 아빠가 잘 이해하고 아이들을 키우는 데 활용하면 훨씬 더 친근하면서도 좋은 아빠로 내 아이에게 좋은 영향을 줄 수 있을 것이다.

그럼 먼저 아들과 딸의 뇌 구조의 차이부터 살펴보도록 하자. 엄마가 임신한 지 12주째부터 태아의 뇌에는 남녀의 차이가 확연하게 나타나기 시작한다. 가장 많이 알려진 남녀 뇌의 구조적 차이는 우뇌와 좌뇌를 연결하는 신경 다발인 뇌량에 있다. 여성의 뇌량은 남성의 뇌량보다 20퍼센트 정도 더 크기 때문에 좌뇌와 우뇌 간의 상호작용이 더욱 활발하게 이루어진다. 또한, 여성은 남성보다 전두엽과 후두엽 발달이 훨씬 빠르고 활발하게 진행되는데, 이 전두엽과 후두엽은 의사결정 과정을 결정하고 감각적 과정을 처리한다. 따라서 딸은 아들보다 감각적 정보를 훨씬 많이 흡수하게 되는 것이다.

평균적으로도 딸의 후각과 청각, 촉각은 아들보다 뛰어나고, 충동적인 행동도 쉽게 제어할 수 있다. 예를 들어, 아들과 딸이 똑같이 도덕적 행동이나 충동적 행동을 피하는 방법을 배우지 못한 채로 어떤 상황에 놓였을 때, 아들보다는 딸이 위험하거나 비도덕적인 행동에 대해서 스스로 더 잘 파악할 수 있다는 것이다. 다시 말하자면, 선천적으로 딸은 아들보다 비도덕적인 위험을 감수하려 하지 않지만 아들은 이런 상황에 놓이면 물리적인 공격성을 자연스럽게 드러낸다는 의미이다.

또한, 딸은 언어 능력적인 면에서도 뛰어남을 보이는데, 자신을 표현하기 위해 언어를 통한 의사소통에 상당히 의존하는 경향을 보인다. 이와는 달리 아들은 선천적으로 딸만큼 신속하게 느낌이나 반응을 언어로 표현하지 못해 비언어적인 방법에 의존하는 경향이 높아지게 된다.

이처럼 아들과 딸은 근본적으로 뇌의 구조뿐만 아니라 발달 속도에도 차이가 나타나는데, 아기가 아직 엄마의 배 속에 있는 동안에도 아들과 딸은 다른 순서, 다른 속도로 성장한다. 말하자면 발육시간표 자체가 다르게 프로그램화되어 있다는 것인데 그 차이는 우리가 예상하는 것보다 훨씬 크고 더 복잡하다.

예를 들어, 딸은 뇌의 언어 영역이 공간 지각 영역보다 빨리 발달하기 때문에 유치원 정도만 되어도 읽고 쓰기를 배우는 데 큰 어려움이 없다. 대신 수리나 공간처럼 해마에서 다루면 손쉬운 정보도 대뇌에서 처리하게 되므로 수학이나 길 찾기 등에서는 아들보다 뒤떨어진다. 반면에 아들은 언어나 소근육 운동과 연관된 뇌의 부위가 여자아이보다 몇 년 늦게 발달하게 된다. 일반적으로 유치원에 다니는 남자아이에게 읽고 쓰기를 가르치는 것은 두뇌 발달상 너무 이르다고 할 수 있다. 그리고 아직 준비가 안 된 아이에게 유치원에서부터 지나치게 읽고 쓰기 학습을 강요하면 아들은 학습에 대한 흥미를 잃고 좌절하게 된다.

## 아들과 딸, 학습 방법도 다르다

전 세계적으로 남학생들의 학업성취도가 떨어지고, 중·고등학교의 탈락률이 증가하며, 대학에 진학해서 졸업하는 비율도 떨어지는 데에는 성차를 무시한 교과과정의 영향이 크다고 많은 학자들이 지적하고 있다.

성차를 고려한 교과과정이 필요한 이유는 남녀의 청력에서도 기인한다. 남녀의 청력은 태어날 때부터 다르고, 그 차이는 성장할수록 커지게 마련이다. 사춘기가 되면 딸은 같은 또래의 남자아이보다 청력이 훨씬 더 예민해진다. 10대 여자아이들이 종종 아빠나 남자 교사가 소리를 지른다고 불평하는 것은 다 이런 이유 때문이다. 그러나 남자들은 여자들보다 청력이 훨씬 떨어지기 때문에 아들은 여교사의 얇은 목소리를 잘 듣지 못한다. 이처럼 청력에 성별 차이가 있다는 것은 교사가 교실에서 남녀 학생에게 다른 교수법을 활용해야 한다는 것을 뜻한다.

만일 여학생을 가르치는 교사라면 목소리를 높이지 않고 교실에서 불필요한 소리가 나지 않도록 유의해야 한다. 여자아이들은 교사의 목소리가 크고 소음이 많은 교실에서는 제대로 학습하지 못한다. 그러나 남자아이들만 있는 교실이라면 교사들은 아이들의 주의를 집중시키기 위해 목소리를 높일 필요가 있다.

청력뿐만 아니라 남녀의 차이는 시각 체계에서도 나타나는데, 한 연구결과에 따르면 아들은 갓 태어났을 때부터 모빌에 관심을 가지고,

딸은 사람의 얼굴에 시선을 맞춘다고 한다. 이는 남녀의 시각 체계가 다르게 조직되어 있기 때문인데, 아들은 선천적으로 움직이는 물체를 파악하는 데 뛰어나고, 딸의 시각 체계는 대상 파악에 뛰어나다고 한다. 따라서 딸은 그림을 그릴 때 화려한 색깔로 대상 자체를 그리고, 아들은 주로 무채색을 써서 대상의 움직임을 그린다. 그러므로 딸이 그린 화려한 색깔의 그림에 칭찬을 아끼지 않는 만큼 아들의 칙칙한 그림도 한껏 칭찬해주어야 아이들의 관심 영역을 넓혀줄 수 있다.

우리 교육의 현실은 획일화되어 있어 각자의 우월한 기능을 발달시키지 못하는 교육을 받으며, 부모 또한 아들과 딸의 다름을 쉽게 인정하지 못하기도 한다. 자라면서 감정을 다루는 영역이 언어를 관장하는 부위로 이동하는 딸과 달리 아들은 성인이 될 때까지도 말하는 것과 관련된 두뇌 영역과 감정을 다루는 영역이 분리되어 있다. 그래서 느낀 것을 언어로 표현하고 이해하는 데 서툴 수밖에 없다. 그런 아들에게 말을 잘 하지 못한다고, 학습 능력이 떨어진다고 비난해서는 절대 안 된다. 딸에게도 마찬가지다. 수리적 영역이 약한 딸에게 비난을 하게 되면 부정적 감정이 남아 더 이상은 그것을 학습하려 들지 않기 때문이다. 이렇듯 아들과 딸은 많은 차이점을 가지고 태어나며, 자라난다. 아들, 딸 양육에는 엄마의 몫만 있는 것은 아니다. 아빠는 그런 아들과 딸의 성향이 다름을 인지하고 각각의 성향을 존중하는 태도를 가져야 한다.

# 02
······

# 아들, 딸의 성향을 알아야
# 아빠 육아가 쉬워진다

대부분의 아빠는 엄마보다 아이와 함께하는 시간이 절대적으로 짧기에 아이의 성향을 제대로 파악하지 못하는 경우가 많다. 아빠가 성공적으로 육아에 참여하기 위해서는 아이의 성향 파악부터 해야 한다. 내 아이의 성향 파악에 앞서 아들과 딸은 어떤 차이를 보이는지 살펴보자.

### 정직하게 말하는 아들, 눈치가 빠른 딸

아들과 딸의 가장 큰 차이로는 공감 능력을 들 수 있다. 공감 능력이 낮은 아들은 정서적인 상태보다도 눈에 보이는 그대로를 묻고 답한다. 한마디로 눈치도 없고 융통성도 부족하여 있는 그대로 사실을 정직하게 말하는 편이다. 어찌 보면 더 키우기 쉬운 게 아들이다. 사랑한다고 말해주면 자신이 사랑받는다고 느껴 행복해하며, 잘한다고 칭찬해주면 금방 우쭐해진다. 그래서 아들 앞에서는 아빠의 말과 행동은 더욱 신중할 필요가 있다.

반면, 딸은 눈치가 빠르고 공감 능력이 뛰어나다. 딸은 어렸을 때부터 상황 파악이 빠르고 눈치가 발달해서 그때그때 적절한 행동과 언어를 쓰는 데 유연하다. 또 자신에 대한 사람들의 반응을 토대로 자신이 사랑받을 만한 소중한 존재인지, 아니면 성가신 존재인지를 알아채기도 한다. 그렇기 때문에 상대의 태도에 따라 긍정적 자아나 부정적 자아를 가지게 될 수 있다. 그래서 딸은 아빠의 말이 진심인지 건성인지를 단번에 알아차린다. 이런 딸을 키우는 데 가장 좋은 에너지는 진정성 있는 따뜻한 애정표현이라고 할 수 있다. 딸은 또 아들보다 출중한 공감 능력을 가지고 있어서 상대의 아픔과 기쁨에 금세 공감하기도 한다. 엄마가 요리하다 손을 베었을 때, "엄마, 너무 아프겠다. 어떡해……."라며 금방이라도 엄마 손을 붙잡고 울 것처럼 눈물이 그렁그렁해진다. 반대로 아들은 엄마의 아픔에 크게 동요하지 않는다. 뇌 연구가들은 이런 현상을 두고 딸이 아들보다 공감하는 뇌가 더 발달했기 때문이라고 해석한다.

## 활동을 선호하는 아들, 대화를 좋아하는 딸

　공감 능력의 차이는 정서적인 표현 능력에도 영향을 미친다. 아들은 대체로 자신의 감정 표현에 서툴다. 대부분의 아들은 다른 사람의 마음 깊은 곳에 있는 비밀을 듣고 싶어 하지 않는다. 또 자신의 속내도 드러내고 싶어 하지 않는다. 아들의 초점은 '대화'가 아니라 '활동'에 맞춰져있기 때문이다. 네댓 명의 남자아이들이 몇 시간 동안 서로 한마디도 하지 않고 비디오 게임을 하면서 시간을 보낼 수 있는 이유도 여기에 있다. 아들은 스트레스를 받으면 누구와 함께 얘기하거나 함께 있기보다는 오히려 혼자 있는 것을 선호하는 경우가 많다. 많은 엄마들이 이런 성향을 알지 못하기 때문에 아들을 위로해주려고 애쓰다가 결국은 싸우게 되기 쉽다. 이럴 때에는 아들에게 자꾸 말을 걸기보다는 혼자만의 시간을 갖도록 내버려두는 것이 더 효과적이다. 또 엄마가 이런 상황을 대처하기보다는 아빠가 아들과 얘기하는 것이 차라리 더 효과적일 수 있다. 아들의 마음을 잘 공감해주고 이해해주면 아들은 의외로 쉽게 마음의 문을 연다.

　반면, 딸은 말하기를 좋아한다. 어느 연령대이건 여자에게는 '대화'가 중요하다. 여자아이들 사이에서 대화에 문제가 생기기 시작했다면 그들의 우정에도 문제가 생긴 것으로 보면 된다. 여자아이들은 친밀한 우정을 나타내는 표시로 다른 사람에게 털어놓지 않은 비밀을 털어놓는 경향이 있기 때문이다. 그래서 딸아이는 스트레스를 받으면 친구로부터 지지와 위로를 받고 싶어 한다. 그래서 스트레스에 시달릴 때

는 친구들과 더 많은 시간을 함께 있고 싶어 하며 더 많이 대화하고
싶어 한다.

## 딸에게는 친구 같은 아빠, 아들에게는 융통성 있는 아빠가 되라

딸은 아들보다 감정적이고 정서적 유대감을 느끼는 상대에게 쉽게
마음을 연다. 따라서 딸과 좋은 관계를 유지하고 싶은 아빠라면 친구
같은 아빠가 되어볼 것을 권한다. 평소 딸의 표정을 유심히 살펴 함께
공감하고 '아빠는 항상 네 편'이라는 메시지를 보내야 한다. 딸은 자신
이 기분 나쁠 때 이를 알아주기만 해도 아빠가 자기편이라는 생각을
한다. 친구 같은 아빠가 공부나 생활습관에 대해 해주는 조언이라면
딸이 귀담아들을 가능성이 매우 높다.

아들이 딸과 다른 가장 큰 특징 중의 하나가 바로 호기심이다. 아들
은 '왜?'라는 질문을 끊임없이 던진다. 색다르고 흥미로운 일이라면 온
갖 기계의 해체도 서슴지 않는다. 넘치는 호기심 덕분에 걷기 시작하
면서부터는 아들의 무릎은 성할 날이 없다. 그래서 아들에게는 "하지
마, 안 돼!"라는 엄마의 잔소리가 끊이지 않는다. 그럼에도 불구하고
좀 전에 들은 당부의 말을 곧잘 잊어버리는 게 아들이다. 따라서 이렇
게 말리는 데 선수인 엄마보다, 아들의 행동을 어느 정도 허락해주는
아빠를 아들은 더 좋아하는 경향이 있다. 자신의 호기심을 채워주거
나 받아주는 아빠는 아들에게는 구세주와도 같은 존재가 된다. 이렇
게 호기심이 채워질 때 아들은 행복감을 느끼며 자신의 모험심과 도

전의식을 더욱 고양시킨다. 따라서 웬만큼 위험한 일이 아니라면 아들의 호기심을 채워주거나 허락하는 것은 아들의 창의성 발달과 긍정적인 성향을 키우는 데에도 큰 도움이 될 수 있을 것이다.

**03**
......

# 아들, 딸 잘되게 하는
# 아빠표 학습법

성공적인 아빠 육아를 위해 아들과 딸의 성향의 차이를 알았다면 이번에는 아빠가 자녀교육을 할 때 반드시 알아야 하는 아들과 딸의 능력과 기호 차이를 살펴보자.

① **언어 능력이 뛰어난 딸** : 아들과 딸이 가장 큰 차이를 보이는 부분이 바로 언어 능력이다. 만 5세경의 남자아이들은 글자를 쓰는 데 필요한 소근육이 아직 발달하지 않은 상태다. 미국 버지니아 테크 대학교의 연구에 따르면, 남자아이는 소근육 운동을 책임지는 뇌 부위의 발달이 딸보다 평균 1~2년이 늦다고 한다. 따라서 읽기와 쓰기 등 조기교육을 강조하는 유치원 교육 과정은 자칫 아들로 하여금 읽기에

대한 흥미를 아예 없애버릴 수도 있으니 주의해야 한다. 반면에 딸은 아들보다 언어 능력이 훨씬 더 뛰어나다. 평균적으로 딸이 아들보다 더 빨리 말을 시작하고, 더 어린 나이에 문장을 말하는 것으로 나타난다. 문법과 철자와 맞춤법도 더 쉽게 익히고, 감성적으로도 풍부한 어휘를 사용한다.

② **후각·청각·촉각이 발달한 딸 :** 여자아이는 후각·청각·촉각이 남자아이보다 더 발달해 있다. 특히 여자아이는 청각 인지 능력이 뛰어나 남자아이보다 훨씬 잘 들으며 예민하다. 그래서 아들보다 딸이 옹알이도 더 많이 한다. 딸은 말을 배운 후에는 인형과도 말하고 장난감 전화기에 대고도 말하며 심지어 혼잣말도 아들보다 훨씬 더 많이 한다. 또한, 딸은 아들보다 수업 시간에 교사의 말에 잘 집중한다. 도파민이 많이 분비되는 아들의 경우 쉽게 뜨거워지고 차가워지는 성질을 가지고 있어서 어떤 대상에 대한 흥미가 빨리 달아오르지만, 반면 빨리 식기도 한다. 그렇지만 딸은 한 가지 일을 시작하면 끝까지 성실하게 수행하려는 집중력이 있다. 딸이 아들보다 말이나 글자를 더 잘 기억하는 것도 바로 이 때문이다.

③ **공간 지각 능력이 뛰어난 아들 :** 아들에게도 딸보다 뛰어난 능력이 있는데, 바로 공간 지각 능력이다. 남자아이는 공간 지각 능력이 뛰어나 눈과 손과 발을 함께 움직이는 반응성이 여자아이보다 훨씬 뛰어나다. 공간 지각 능력은 수학적 추론 능력으로도 이어지는데, 남자아

이들이 지도를 읽는 능력이 뛰어난 것도 바로 이 때문이다. 이 공간 지각 능력으로 3차원 공간을 쉽게 상상할 수 있고, 수학이나 과학에 두각을 나타내기도 한다. 그러나 무리하게 수학적, 과학적 지식을 요구하면 오히려 역효과를 낳을 수 있으니 주의해야 한다. 이런 이유로 아들의 발달 수준에 맞추어 접근하는 것이 중요한 것이다. 처음에는 손가락, 동전, 블록, 바둑알 같은 구체적인 사물로 시작해서 아들의 이해도에 따라 책에 그려진 반구체물 그림으로 전환시키는 것이 좋다. 그림과 사물을 보고 수와 과학적 원리를 이해하는 수준이 되면 그때 글과 숫자를 가르쳐도 늦지 않다.

### 아빠의 딸 학습법

아빠가 딸을 공부시킬 때 반드시 알아두어야 할 것이 있다. 그것은 바로 딸의 추상 능력을 키워줘야 한다는 것이다. 일반적으로 딸은 아들보다 추상 능력이 떨어지기 때문에 다양한 기호와 추상적 정의가 등장하는 수학과 과학에 약하다. 이때는 그래프나 차트, 종이에 쓰인 학습 자료, 도형, 모형 등 손으로 만질 수 있는 자료 등 구체적인 물건을 통해 가르치면 효과적이다. 과학을 가르칠 때도 직접 만져볼 수 있는 실험 도구를 활용하면 딸의 이해가 훨씬 빠를 것이다. 딸은 일반적으로 어떤 문제에 귀납적으로 접근하는 것을 더 좋아해서 문제를 풀 때 공식을 먼저 암기하고 여기에 숫자를 대입하는 방법을 쓴다. 그러다 보니 공식이 어떻게 유도되는지에 대한 기본 개념을 익히지 않고 무조건 외우는 경우가 많다. 이런 방법은 초등학생 때는 크게 문제가 되지 않겠지만, 학년이 올라갈수록 불리해진다. 고등수학으로 갈수록 공식 자체를 활용하는 문제보다, 공식을 유도하는 과정을 묻는 문제가 많아지기 때문이다. 딸이 수학 과목을 점점 어려워하고 싫어하는 이유가 바로 딸의 그런 성향 때문이다. 그래서 딸이 문제 푸는 방법을 알고 있더라도 기본 공식이 유도된 개념을 물어 분명히 알고 있는지 다시 한 번 확인하는 게 좋다.

딸은 일반적으로 아들에 비해 운동 욕구가 적은 편인데, 이것은 사춘기 이전의 남자아이는 대근육이 발달하는 반면, 여자아이는 소근육이 먼저 발달하기 때문이다. 그래서 아들은 많이 움직이기를 좋아하고 딸은 앉아서 손으로 하는 일을 좋아한다. 딸이 글씨를 예쁘게 쓰는 이유도 그 때문이다. 딸은 종이접기로 정교한 작품을 만드는 데 능하지만, 아들의 작품은 어딘가 부족하고 엉성하다. 심리학자 도린 기무라는 자신의 저서에서 여성은 남성보다 섬세한 운동을 필요로 하는 과제 수행에 뛰어나다는 사실을 입증하기도 했다. 이 밖에 성장 과정에서 딸의 경우 뇌와 손끝의 연계가 빠르다는 가설도 이를 뒷받침해주고 있다.


## 아빠의 아들 학습법

아들은 대부분 힘이 넘치고 몸으로 움직이는 걸 좋아한다. 육체적 에너지를 발산하게 되면 마음을 가라앉히는 데 도움이 되어 한 곳에 몰두할 수 있기 때문이다. 건강과 체력도 좋아지고 숙면도 취할 수 있다. 또한, 운동 경기를 통해 팀워크와 헌신, 원칙과 연습의 가치를 배울 수 있다. 그렇지만 반대로 야외 활동의 위험에서 아이들을 과잉보호하게 되면 아들에게 좋지 않은 영향을 줄 수 있다. 과잉보호는 야외 활동에서 오는 책임감과 위험에 대한 감각을 키우지 못하고 독립적으로 시간을 활용하는 기술 또한 제대로 익힐 수 없기 때문이다. 아들이 어릴 때는 그저 본능에 따라 움직이도록 도와주는 것이 좋다. 침대 위에서 뛰어놀거나 땅을 파헤치거나 나무 위를 기어올라도 괜찮다. 무조건 하지 말라고 하는 대신 안전하게 활동하는 법을 가르치면 된다. 이런 과정을 잘 받아주는 아빠는 아들에게 최고의 아빠가 될 것이며, 아들에게는 최고의 학습이 될 것이다.

아들과 딸은 책을 읽을 때에도 많은 차이를 보인다. 하버드 대학교의 연구결과에 따르면, 아들의 경우 부정적인 감정과 연관된 두뇌 활동은 계통 발생적으로 미발달한 세포핵인 편도에 국한된다고 한다. 그 결과 아들은 '만일 ~라면 네 기분은 어떻겠니?'와 같은 질문에 제대로 답을 하지 못한다. 이 질문에 답하기 위해서 아들은 정서적 정보를 대뇌피질의 언어 정보와 연결해야 하지만 편도에 이것들이 머물러 있어 전달이 어렵기 때문에 제대로 답을 못한다. 대부분의 10대 남자아이는 강렬한 느낌을 받았을 때 '더 적게' 이야기하는데, 이런 차이는 문학 공부에도 영향을 미치게 된다. 그래서 아들은 전투나 모험 등 실제 사건을 다룬 이야기나 우주선, 핵폭탄, 화산 등의 사물이 작동하는 방식과 현상을 다룬 논픽션을 좋아한다. 반면, 정서적 전달이 활발한 딸은 소설 같은 픽션을 선호한다. 그래서 여학생들이 주인공의 동기나 행위를 분석한 책들에 더 큰 관심을 두는 것이다. 한마디로 딸은 어떤 사실보다 어떤 인물이 겪는 감정적 고뇌에 대한 이야기를 좋아한다. 그러므로 아빠는 아이들과 책을 볼 때, 논픽션을 좋아하는 아들에게는 궁금해하는 것들을 해결해주는 것이 좋으며, 픽션을 좋아하는 딸에게는 책 속 주인공의 감정이나 책에서 느껴지는 감정을 글로 써보게 하는 것이 좋다.

**04**
······

# 아이의 성장에 따라
# 아빠도 달라져야 한다

아들과 딸의 성향과 능력, 기호의 차이를 알았으니 좋은 아빠가 되기 위한 능선 하나는 넘은 셈이다. 그다음 단계로는 아들과 딸을 훌륭하게 키우기 위해서 아이의 나이와 성별에 맞게 육아 원칙을 정하고 따르는 것이 필요하다. 아들과 딸의 성장발달에 맞게 영유아기(0~6세), 아동기(7~12세), 사춘기(13~18세)로 나누어서 하나씩 살펴보자.

**아들과 딸의 성장 단계별 육아 원칙**

① **영유아기**(0~6세)

이때에는 부모의 무조건적인 사랑이 필요한 시기이다. 매일 아이를 껴안고 사랑한다 말해줘야 하는 절대 사랑의 시기인 것이다. 스킨십은 물론 '○○는 정말 훌륭한 사람이 될 거야.' '사랑하는 ○○야, 아빠가 ○○을 얼마나 사랑하는지 알지?'라며 아이의 자존감과 자신감을 마음 껏 고양해줘야 할 시기이다. 이때에는 '이러다 버릇없어지는 것은 아닐까?' '어릴 적부터 확실하게 잡아줘야 하는데……'라는 쓸데없는 걱정을 해서는 안 된다. 아들과 딸을 구분하지 않고 무조건적인 사랑과 지지를 보내주는 것이 이 시기 최고의 육아 원칙이며, 진리다. 아이가 아직 말을 알아듣지 못하는 영아기에도 눈을 맞추며 대화를 나누는 것이 아이의 정서발달에도 좋고 심리적인 안정감을 주는 데에도 큰 도움이 된다. 이때 아빠가 가장 주력해야 할 점은 아이가 아빠와의 교감을 충분히 할 수 있도록 아이에게 시간을 할애해주는 것이다.

### ② 아동기(7~12세)

이 시기는 아이에게 사회적 규칙이나 일상생활에 대한 적절한 훈육이 필요한 시기이다. 물론 영유아기처럼 사랑을 듬뿍 느끼게 해야 하는 것은 당연하다. 이런 분위기를 유지하면서 올바른 훈육을 통해 '옳은 것'과 '그른 것'에 대한 개념을 심어주고, '해야 할 일'과 '해서는 안 되는 일'을 구분할 수 있도록 잘 가르쳐야 한다. 이 시기에 아빠가 훈육을 할 때 가장 주의할 점은 아이의 인격이 아닌 행동을 꾸짖어야 한다는 점이다. 예를 들면, "너 또 거짓말하니? 네가 인간이니?"라는 등 아이의 행동이 아닌 인격을 비난하는 말투나 감정적인 꾸중, 반복적인 체벌 등은 절대 하지 말아야 한다. "○○야. 거짓말을 해서는 안 된다는 것을 잘 알 텐데……. 그럼에도 불구하고 거짓말을 하게 된 무슨 이유라도 있니?"라고 아이의 행위에 대한 이유를 물어보자. 별다른 이유가 없다고 할지라도, "○○야, 혼나는 게 싫어서 거짓말을 하는 것은 아주 나쁜 거야. 부끄럽더라도 정직하게 말하는 것이 가장 좋은 방법이란다. 다음부터는 절대로 거짓말하지 않기로 약속할 수 있지?"라며 행위를 꾸중하며 아이 스스로 좋은 방향으로 수정할 수 있도록 잘 격려해야 한다. 이 시기에 아들과 많이 놀아주고 대화를 나눈다면 아들에게 아빠는 평생의 친구이자 존경의 대상이 될 것이다. 딸이 커 가면서 아빠들은 대부분 딸과의 스킨십을 포기하는 경우가 있는데 그것은 바람직하지 않다. 아빠와의 충분한 스킨십은 딸의 정서적 안정은 물론 행복감의 원천임을 절대 잊지 말아야 한다. 그렇다고 하기 싫은 딸에게 강한 요구를 하는 것은 오히려 좋지 않으니 주의해야 한다.

### ③ 사춘기(13〜18세)

사춘기는 대부분의 부모가 아이를 키우는 데 가장 힘들어하는 시기이지만 아이의 인생에서는 가장 중요한 시기이기도 하다. 이 시기에는 부모가 아이를 묵묵히 지켜보는 태도를 유지하며 지나친 간섭을 경계해야 한다. 왜냐하면, 아이의 정서가 가장 불안정하고 예민한 시기이므로 한 걸음 멀리 떨어져서 아이를 지켜보되, 힘든 일이 있으면 언제든 힘이 되어주는 지원자로서의 역할을 해줘야 하기 때문이다. 또한, 사춘기 아이와의 원활한 소통을 위해 세심한 노력이 필요하다. 특히 아이에게 허락받지 않고 임의로 아이의 휴대전화나 가방을 검사하는 등의 행동은 부자나 부녀 관계를 단절시킬 만큼 큰 파장을 불러오므로 절대로 해서는 안 된다.

이 시기에는 아들도 딸도 모두 친구 그룹에서 심한 스트레스를 받을 때가 많다. 친구와의 문제가 있음에도 불구하고 부모에게 잘 얘기하지 않는 시기이기도 하다. 그러다 보면 작은 문제가 심각해질 수도 있으므로 아빠는 아이들과 허심탄회하게 얘기할 수 있게 평상시 편안한 분위기를 만들도록 노력해야 한다. 평소 대화가 없었던 아빠에게 아이가 이런 어려운 문제들을 얘기할 리가 만무하기 때문이다. 이 시기에 아들은 가끔 친구와 심한 몸싸움을 하고 집에 돌아올 경우도 있다. 큰 사고가 아닌 경우라면 아이가 이야기할 때까지 조금 기다려주고 아이가 스스로 이야기할 수 있도록 적극적으로 공감해줄 필요가 있다. 이 시기에 딸에게는 친구와의 갈등이 정신적으로 큰 스트레스가 되므로 엄마를 통해 딸의 생활과 감정을 잘 읽어나가는 아빠만의 전략이 필요하다.

특히, 이 시기에 많이 나타나는 것이 바로 성(性)에 대한 문제이다. 2차 성징을 시작으로 아이들이 성에 관심이 많아지는 이 시기에 무조건 성에 대한 관심을 끊으라고 강요하는 것은 바람직하지 않다. 오히려 성에 대한 이야기나 이성 교제에 대한 이야기를 아빠와 공개적으로 편안하게 할 수 있다면 문제가 발생할 소지가 줄게 될 것이다. 다만 주의할 점은 아이가 이야기하기 전에 너무 앞서나가지 않도록 해야 한다는 것이다. 왜냐하면, 아빠가 자신의 이성 교제에 대해서 너무 앞서나가면 부끄럽기도 하고 오히려 더 감추려고 하는 것이 사춘기 청소년들의 기본적인 성향이기 때문이다. 아들과 딸 모두에게 사춘기 이성 문제는 큰 골칫거리가 될 수도 있고 동기부여가 될 수도 있다. 아빠가 어떻게 유도하느냐에 따라서 문제의 방향은 달라질 것이다.

### 아이는 부모를 통해 세상을 배운다

내게 상담을 받으러 오는 아이들 가운데는 자칭 타칭 '문제아'로 낙인찍힌 아이들이 더러 있다. 하지만 상담을 하다 보면 겉으로 보이는 것보다는 훨씬 좋은 아이라는 느낌을 받는 아이들이 많이 있다. 말투나 겉모습에는 반항기가 있지만, 막상 상담을 진행하다 보면 오히려 순수함이 있는 아직은 앳된 아이일 경우가 많다. 이런 경우에 나는 반드시 학부모 상담을 진행하거나 학교에서 조사한 학부모 파일을 자세히 살펴보게 된다. 이렇게 문제행동을 보이는 대부분의 아이들은 부모가 문제가 있는 경우가 많다.

아이는 부모를 통해서 세상을 접하고 세상을 배운다. 이러한 예를 자세히 보여주고 있는 것이 바로 '우리 아이가 달라졌어요'라는 TV 프로그램이다. 아이의 문제행동 때문에 부모가 의뢰를 해서, 문제행동을 하는 아이를 관찰하다 보면 그 원인은 언제나 부모에게서 발견되었다. 부모의 잘못된 생활습관이나 사고방식으로 아이는 잘못된 생활과 사고를 하게 되는 것이다. 그렇게 잘못된 생활습관과 사고방식을 지닌 아이가 세상에 잘 적응하기란 하늘의 별 따기처럼 어렵다. 특히 부부싸움이 잦은 환경에서 자란 아이들의 경우에는 정서적으로 문제가 심각해지기 쉽고 다른 사람들과의 공감 능력도 현저히 떨어져 사회에 적응하지 못할 확률이 높다.

실제로 전국의 각 학교에서 학생들의 상담을 진행하고 있는 'Wee센터' 조사에 따르면, 학교폭력에 가담하여 처벌받은 가해자 학생의 약 92퍼센트가 집에서 부모의 잦은 싸움이나 부모로부터 폭력을 경험한 아이들이라고 한다. 이런 아이들의 대부분이 어릴 때부터 부모의 잦은 싸움 때문에 정서적인 불안에 시달리거나 폭력에 자주 노출되어 폭력에 대한 죄 의식이 부족했다.

원인 없는 결과는 없다. 따라서 원인이 계속되는 한, 같은 결과도 계속될 것이다. 아이의 교육도 마찬가지이다. 아이는 부모가 생각하는 대로 말하는 대로 행동하는 대로 그대로 따라 할 뿐이다. 물론 부부가 살다 보면 좋은 일만 있는 것은 아니다. 싸우고 감정적으로 좋지 않은 경우도 있다. 그렇지만 아이가 있다면 부부 사이에 언성이 높아질 때, 서로 자존심을 상하게 하는 말이나 행동이 오갈 때마다 한 박자 멈춰서 생각해보자. 지금 아이의 눈에 비치는 나는, 내 배우자는 어떤 모습을 하고 있는지 말이다. 그리고 자녀를 키우는 부모로서 매일 다음과 같은 글을 마음속에 되새겨보자.

'교육은 가르치는 것이 아니라 보여주는 것이다!'

# 05

# 아들 잘되게 하는
# 아빠가 되자

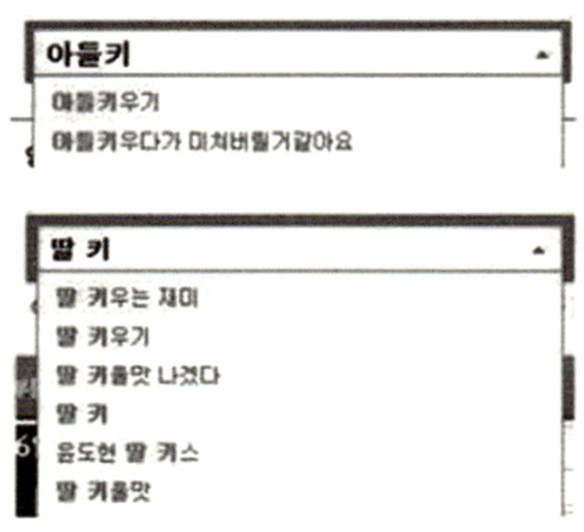


옆의 그림은 '아들 키우기와 딸 키우기의 차이점'이란 제목으로 얼마 전 인터넷을 뜨겁게 달구었던 것이다. 엄마들이 아들 키우기가 얼마나 힘들었으면 '아들 키우다가 미쳐버릴 거 같아요.'란 말이 상위 검색어가 되었겠는가? 그와는 반대로 딸의 검색어는 '딸 키우는 재미'가 상위 검색어로 올라왔다. 성별 차이를 이해하지 못하면 엄마가 아들을, 아빠가 딸을 키우는 일이란 정말 버겁고 힘든 일이 아닐 수 없다. 그래

서 엄마에게는 아빠의 현명한 아들 키우기 노하우가 절대적으로 필요하다.

## 아들 양육에 아빠가 필요하다

상담 중에 만난 아들을 둔 엄마들이 하나같이 입을 모아 하는 말이 있다. 바로, 아들 키우기가 훨씬 힘들고 손이 많이 간다는 것이다. "아들은 키우기 정말 힘들어요!" "남자아이는 왜 그러는지 모르겠어요!"라는 엄마들의 하소연처럼, 아들은 딸에 비해 집중력이 떨어지고 부산한 경우가 많다. 엄마의 시선이 미치지 않는 사이 어떤 사고를 칠지 몰라 조마조마한 것은 예삿일이고, 때로는 시한폭탄을 안고 있는 듯한 심정이 들기도 한다. 그뿐만 아니라, 등교 거부를 하거나 은둔형 외톨이가 되어버리면 바로잡기가 딸보다 훨씬 힘들고, 학교에서 따돌림을 당하면 마음의 문을 닫고 아무 말도 하지 않는 경우도 허다하다.

그래서 아빠가 나서야만 한다. 아빠도 남자이고 아들도 남자이기 때문에 훨씬 더 공감하기 쉽고 서로 소통하기도 쉽다. 하지만 아빠라고 해서 무조건 아들과 잘 소통하고 공감할 수 있는 것은 아니다. 평상시 아들과 스킨십을 많이 하며 잘 놀아준 아빠라면 엄마보다 훨씬 잘 소통할 수 있겠지만, 그 반대의 경우라면 엄마와 마찬가지로 아들을 '통제할 수 없고 도저히 이해할 수 없는 존재'로 생각하기 쉽다. 그래서 아빠도 아들을 키우는 노하우를 배워야만 한다.

**아들 육아 비법 ① 몸으로 놀아줘라**

아들 키우는 아빠에게 비법으로 꼭 전하고 싶은 아들 잘 키우는 최고의 육아 비법은 의외로 간단하다. '아들과 많이 놀아주는 것'이다. 이것이 아빠가 아들에게 사랑을 전해주는 최고의 방법이다. 아들의 넘치는 에너지는 엄마가 감당하기에는 너무 버겁고 힘들다. 엄마는 자꾸만 놀고 싶은 아이를 붙들고 억지로 공부를 시키려고만 한다. 취학 전 아들에게 학습지를 강요하거나 글자를 익히게 하려는 등 학습을 강요한다면, 인지 영역이 딸보다 늦게 발달하는 아들에게는 힘든 일이 될 것이다. 결국, 아들은 엄마에겐 애물단지가 될 수밖에 없고 엄마는 아들만 보면 화가 나는 것이 당연한 순서이다.

이때 아빠가 해결사가 되어 아들과 마음껏 놀아주는 것이 필요하다. 아들이 에너지를 실컷 소비할 수 있도록 땀으로 흠뻑 적셔질 정도로 놀아주면 아들은 행복감에 젖게 되고 엄마와의 인지 활동도 기쁘게 받아들일 수 있게 된다. 본능에 따라 뛰어야만 하는 아들에게 부족한 놀이 시간과 늘어나는 학습 시간은 고통을 넘어서 고문이 될 뿐이다.

**아들 육아 비법 ② 무한한 사랑을 줘라**

아들에게 절대적으로 필요한 두 번째 육아 비법은 바로 '한없는 사랑을 주는 것'이다. 그리고 그 사랑을 구체적인 말과 행동으로 전하는 것이다. 걸핏하면 "안 해, 싫어!"라고 고함을 지르는 아이, 화가 나면 물건을 집어던지고 동생을 때리는 아이, 손톱을 깨물거나 손가락을 빠는 이상행동으로 엄마를 걱정시키는 아이, 똑 부러지게 말하지 못하고 자신감이 부족한 아이는 우리가 흔하게 볼 수 있는 문제행동을 보이는 아들의 모습이다. 아들이 이런 행동을 보이는 원인은 바로 애정결핍에서 기인하는데, 어린 시절 아들에게는 아빠가 슈퍼맨 그 자체이며 닮고 싶은 대상이 된다. 이런 자신만의 우상인 아빠가 자신을 정말 사랑하고 있다고 느낀다면 아들은 이와 같은 문제행동을 할 이유가 전혀 없다. 한마디로 말하자면, 아들의 문제행동은 아빠가 사랑을 듬뿍 담아 스킨십을 해주다 보면 어느 순간 감쪽같이 사라지게 되는 것이다.

아빠가 아들을 키울 때 가장 주의해야 할 점은 아이의 성장에 먹구름을 드리우는 아빠의 부정적인 양육 태도이다. 모든 아빠가 그런 것은 아니지만, 간혹 아들은 강하고 엄하게 키워야 한다는 마음에 때로는 혹독하게 야단을 치기도 하고, 아무리 해도 자신의 바람대로 움직여주지 않는 아이에게 너무 강한 분노를 폭발하기도 하는 아빠들이 있다. 이러한 부정적인 아빠의 양육 태도는 아이가 20, 30세가 되었을 때 엄청나게 크고 위협적인 부메랑으로 다가올 확률이 높다. "아빠가 몇 번을 얘기했어?" "똑바로 못해?" "너는 왜 늘 그 모양이니?"와 같은 부정적인 말들과 애정을 충분히 표현하지 않는 양육 태도로는 아이의 자존감을 높여주기 어렵다. 또한, 이렇게 긍정적인 자기 이미지가 자리 잡지 못한 아들은 결국 자존감이 낮고 책임감과 자신감, 도전의식이 부족한 남자로 성장할 수밖에 없다는 것을 아빠들은 명심해야 한다.

　'아들은 인생의 방향을 아버지를 보고 결정한다.'라는 탈무드의 이야기처럼 자신의 인생의 방향과 속도를 아빠와 함께 정하게 되기를 아들은 기다리고 있다. 아들 인생의 꿈과 행복의 크기를 결정하는 것은 아빠의 사랑과 인내, 그리고 믿음이라는 것을 아들을 키우는 아빠들은 다시 한 번 되새겨야 한다.

# 06

# 딸 잘되게 하는
# 아빠가 되자

일반적으로 딸은 엄마와 친밀한 관계를 맺고 있다. 그래서 엄마와 더 가깝고 애정표현도 더 많이 하지만 또 한편으로는 아빠의 사회적인 생활도 동경한다. 이렇게 딸은 엄마에게서 감정에 대한 부분에 많은 영향을 받지만, 아빠에게서는 사회적인 관계에 많은 영향을 받는다. 아빠의 지지와 격려는 딸이 사회생활을 할 때 필요한 용기를 준다. 이는 남자들이 주로 사회생활을 많이 하고 있어 집에서 가정을 돌보는 엄마에게서보다 사회적인 믿음이 더 크기 때문에 나타나는 결과이다. 그렇다면 아빠는 딸에게 어떤 영향을 줄 수 있는 것일까? 우리가 잘 알고 있는 미국 오바마 대통령의 부인인 미셸 오바마의 일화를 통해 딸이 아빠에게 받는 영향을 살펴보도록 하자.

## 미셸 오바마의 아버지

'미국 최초의 흑인 퍼스트레이디, 대통령 남편에게 보스라고 불리는 퍼스트레이디, 변호사이자 사회운동가, 가식 없는 언행과 브랜드에 연연하지 않는 놀라운 패션 감각, 매력적이고 건강한 이미지!' 이것은 세계 언론들이 그녀를 묘사할 때 사용하는 미사여구들이다. 그녀의 이름은 바로 미셸 오바마(Michelle Obama, 1964년생).

미국 언론들은 그녀를 무명이었던 오바마를 대통령으로 만든 세상에서 가장 강한 엄마 같은 아내, 철의 부인이라고 일컫는다. 어려운 환경 속에서도 성공할 수 있었던 이유를 묻는 기자들에게 그녀는 다음과 같이 대답했다.

"나는 진짜 내 모습일 때 최고의 역량을 발휘해요. 내가 가진 건 정말 그것밖에 없어요. 만약 다른 어떤 사람이 되거나 누군가를 따라하려 했다면 나는 혼란스러웠을 거고, 상황은 나빠졌을 거예요. 이런 생각을 하게 된 것은 어릴 적부터 제게 '나'다울 때 진짜 멋진 내가 될 수 있다고 한결같이 저를 지지해준 아버지 덕분입니다."

1964년 미셸은 시카고 시 상수도 펌프 운용기사였던 아버지 프레이저 로빈슨과 홈쇼핑 잡지사에서 일했던 어머니 메리언 로빈슨 사이에서 태어났다. 미셸은 프린스턴 대학과 하버드 로스쿨을 졸업한 뒤에도 오랫동안 학자금 대출을 갚아야 했던 그야말로 서민 출신의 고학생이었다. 넉넉지 못한 형편 때문에 그녀는 더 이상 공부를 하지 않고 돈을 벌어 집안에 도움을 주고 싶다고 여러 번 부모님께 얘기했다. 그렇지만 그때마다 미셸의 아버지는 그녀에게 이렇게 말했다.

"지금의 현실에 안주하며 살아간다면 너의 미래는 다른 미국의 흑인 여성의 삶과 크게 다르지 않을 거야. 아빠는 네가 그토록 갈망했던 꿈과 희망을 절대로 잃지 않기를 간절히 바란단다. 미국 주류사회에서 흑인 여성이 당당하게 살아가며 정당한 대우를 받게 하겠다던 너의 꿈과 희망은 아버지의 꿈이자 희망이기도 하단다. 미셸, 너는 미국의 흑인 여성의 이정표이자 본보기가 되어야 한다는 것을 결코 잊지 말아라. 아빠는 너의 꿈과 희망을 신이 도울 것이라고 믿고 있으며, 그 믿음을 단 한 번도 의심한 적이 없단다. 지금 힘들더라도 너의 꿈이 미래의 흑인 여성들에게 미칠 영향을 생각하며 다시금 마음을 잡아주길 바란다. 사랑한다. 나의 딸 미셸!"

평상시에도 미셸의 아버지는 매우 활기차고 유머 있는 사람이었다. 유머는 그의 인생에서 가장 큰 에너지이며 성공의 밑거름이라고 늘 강조했다. 비록 경제적으로는 어려웠지만, 그는 유머와 여유를 잃지 않아야 꿈이 이루어진다고 말했다. 또한, 그녀의 아버지는 그녀와 오빠에게 항상 인내심과 책임감, 자립심을 강조했다. 그런 훌륭한 아버지 덕분에 미셸은 자신감 있고 당당하게 자신의 감정을 표현할줄 알았고, 자신이 이루고자 하는 목표를 달성하기 위해서는 다른 사람들보다 더 많은 노력을 해야 함을 알았다. 미셸은 그런 아버지의 영향으로 노력을 실천했고 자신의 목표를 이루어냈다고 그녀의 자서전을 통해 말하고 있다.

미셸은 최근 한 인터뷰에서 아버지의 가정교육을 본받아 자신의 두 딸 말리아와 사샤를 교육한다고 했다. 딸 말리아와 사샤에게 자신이 하고 싶은 운동 하나를 선택하게 하고, 미셸 자신이 한 가지 운동을 더 골라 두 딸이 할 수 있게 했다. 미셸은 일부러 아이들이 어려워할 정도의 힘든 운동을 골라 그것을 하게 했는데, 이는 아이들이 무언가를 고생하면서 터득하는 법을 배우면, 성장하는 데 큰 힘이 될 수 있을 거라는 생각에서였다.

이런 교육방법은 그녀가 어렸을 때부터 아버지에게서 배운 원칙이었다. 아버지는 어떤 일이든 한번 배우기 시작하면 무슨 일이 있더라도 중도에 포기하지 못하게 하며 이렇게 말했다. "일이든 운동이든 무엇인가를 배울 때, 배우는 것이 힘들어지면 그때부터 진짜 배우기 시작하는 것이란 걸 항상 명심해야 한다."

실제로 미셸의 장녀 말리아는 처음에는 테니스를 배우기 매우 싫어했다. 그러나 중도 포기란 절대 있을 수 없는 미셸의 교육에 따라 테니스를 그만둘 수 없었고, 꾸준히 수업을 받았다. 그 결과 말리아는 학교의 테니스 대표선수로 선발될 정도의 우수한 실력을 갖추게 되었다.

이처럼 아빠의 딸에 대한 믿음과 격려 그리고 무한애정은 딸에게 꿈에 대한 집착과 열정을 불사르게 하는 훌륭한 에너지가 된다. 아빠의 딸에 대한 신뢰와 응원은 귀여운 딸이 아니라 훌륭한 딸, 훌륭한 사람으로 키우는 최고의 가정교육이 될 수 있는 것이다.

## 아빠의 격려가 딸을 크게 키운다

나는 늘 '성공한 여자 뒤에는 반드시 훌륭한 아버지가 있다.'라고 말한다. 딸이 미래에 자신의 꿈을 이루고 행복한 인생을 살기 위해서는 무엇보다 아빠의 적극적인 지지와 격려가 필요하다. 동성인 엄마가 딸에게 같은 여성으로서 많은 지혜를 줄 수 있다면, 아빠는 남자들에게서 배워야만 할 사회성과 리더십을 가르쳐줄 수 있기 때문이다. 또한 아빠가 때로는 이성의 시각에서 딸에게 좋은 충고와 조언, 그리고 무한의 지지를 보내준다면, 딸은 더 자신을 믿고 미래에 대한 확신을 가지고 하루하루를 살아갈 수 있게 될 것이다. 이런 아빠의 지지와 격려 속에서 딸은 스스로 자존감을 키우고 자신의 꿈에 대해 더욱 집착하며 그 꿈을 이루기 위해 열심히 노력할 것이다.

실제로 많은 여성학자들은 여자가 행복하기 위해서 가장 중요한 것이 바로 자기 긍정 의식, 즉 자존감이 가장 중요하다고 말한다. 한마디로 자존감이 높은 여성만이 자신이 원하는 행복한 인생을 살 수 있다는 것이다. 성공하는 여성들의 심리 속에는 "나는 사랑받을 가치가 있는 사람이야!" "엄마, 아빠는 나를 정말 사랑해!" "나는 어떤 것도 할 수 있어!"라는 생각들이 자리 잡고 있다는 것이다. 따라서 딸을 키우는 아빠들은 딸의 자존감을 키워주기 위해 딸과의 대화 시간을 갖도록 힘써야만 한다.

여성심리를 전문적으로 연구하는 심리학자들에 의하면, 딸에 대한 아빠의 사랑과 격려는 엄마가 주는 것들보다 딸에게 행복감을 주는 밀도가 2배 이상이라고 한다. 즉 딸에게는 이성인 아빠의 사랑과 격려가 딸의 자존감을 2배 더 높여준다는 의미가 될 수 있다. 따라서 딸을 가진 아빠들은 초등학교에 들어가기 전까지는 '딸 바보'가 되어 한없는 사랑을 주는 것이 바람직하다. 따뜻한 사랑을 담은 포옹과 스킨십은 딸의 심리적인 문제를 해결하는 가장 강력한 도구가 될 것이며, 이것은 결국 성장한 딸의 행복한 삶에 가장 중요한 역할을 할 것이다. 또한 딸에게 미래에 대해서 긍정적인 말을 해줌으로써 딸이 미래의 꿈을 위해 최선을 다하도록 동기부여를 할 수 있게 하는 것도 바로 아버지의 역할임을 반드시 명심해야 한다.

### 좋은 부부관계를 보여라

한 가지 주의할 점은, 딸은 엄마와 아빠와의 관계 속에서 자신을 엄마의 감정과 동일시하는 경향이 강하므로 엄마에 대한 부정적 언어나 행동을 하는 것은 금물이다. 이것은 딸로 하여금 아빠와 멀어지게 만드는 가장 안 좋은 행위라는 것을 명심해야 한다. 특히, 사춘기에 아빠와 멀어지는 딸들은 대부분 엄마와 사이가 좋지 않은 아빠 때문이라고 한다. 아빠가 자신에게는 아무리 잘 대해준다 하더라도 아빠에 대해 불만이 많은 엄마와 더 많은 교감을 하는 딸은 아빠에 대한 거부감이 매우 심해져 나쁜 친구들과 교제하며 반항심을 표출하는 경우도 있을 수 있다. 따라서 딸의 미래의 행복을 위해서는 딸에게 보여지는 부부관계가 가장 중요하다는 것을 명심 또 명심해야만 한다.

# 07

# 아이에게
# 롤모델이 되는 아버지상,
# 엄마가 만든다

일반적으로 아들은 아빠를 롤모델 삼아 자란다고 한다. 아들은 아빠를 통해 남자로서 해야 할 역할을 배우기 때문이다. 아들뿐만 아니라 딸 또한 동성인 엄마의 칭찬과 격려보다는 이성인 아빠의 격려와 지지에 더 큰 힘을 발휘한다. 여성심리학 연구자들의 한 연구에 의하면, 남자인 아빠의 의견이 같은 동성인 엄마의 의견보다 더 객관적이라고 생각하며 더 사회적인 판단이라고 생각하기 때문에 딸에게 더 큰 격려와 칭찬으로 받아들여진다는 것이다.

## 남편에 대한 존경과 사랑을 표현해라

세상의 모든 엄마는 자신의 남편이 아이들에게 좋은 아빠가 되기를 원한다. 아이들로부터 존경받고 사랑받는, 또 아들에게는 롤모델이 되고, 딸에게는 무한한 격려와 지지를 보내줄 수 있는 훌륭한 아버지상 말이다. 그러나 바라는 마음만으로는 모두가 그런 아빠가 될 수 있는 것은 아니다. 그렇다면 어떻게 해야 내 남편을 훌륭한 아빠로 만들 수 있는 것일까?

그것은 그렇게 어렵고 불가능한 일이 아니다. 간단한 규칙만 지킨다면 오히려 쉽게 이루어질 수도 있는 문제이다. 그 규칙은 바로 내 남편을 훌륭한 아빠로 대우해주는 것이다. 그래야 아이들이 아빠에 대한 존경과 사랑을 갖게 될 것이고, 아빠는 아이들의 바람에 부응하기 위해 노력할 것이다. 이렇게 되면 아버지는 아이들에게 좋은 조언과 격려를 해줄 수 있는 훌륭한 아버지가 될 수 있을 것이다. 이런 것이 바로 아버지로서의 권위를 가지게 된다는 말과 일맥상통한다.

아이들에게 훌륭한 아버지가 되기 위해서는 가장으로서의 권위가 반드시 필요하다고 생각한다. 요즘은 권위보다는 다정다감함이 더 중요시되는 프렌디가 대세인 것 같지만, 아이들이 성장해가는 사춘기나 인생의 중요한 결정을 해야만 하는 청소년기에는 다정다감한 아빠보다는 조언과 격려를 해줄 수 있는 아버지가 더 절실한 법이다. 아이들이 힘들고 방황할 때 중심을 잡아주며 격려와 지지를 보낼 수 있는 아버지야말로 아이들에게는 훌륭하고 좋은 아빠가 될 수 있는 것이다. 그렇다고 너무 권위적인 탓에 소통이 안 되는 아버지도 문제이지만 권위가 없는 아빠는 더 큰 문제일 수 있다.

아이들에게 권위를 가진 아버지로 자리하기 위해서 엄마는 아이들과 함께 아빠에게 감사의 마음을 적극적으로 표현해야 한다. 사람은 누구나 감사의 마음을 가질 때 그 사람에 대한 진심 어린 존경과 사랑을 품을 수 있게 된다. 그렇지만 감사의 마음을 가지는 것만으로는 조금 부족할 수 있다. 존경과 사랑은 그 마음을 표현할 수 있을 때 비로소 나타날 수 있기 때문이다. 또 이런 감사의 마음을 예의를 갖추어 표현한다면 그 마음이 더 커지기 마련이다. 예를 들어 아빠에게 감사하는 마음은 있으나 그것을 굳이 예를 갖추어 인사하거나 감사하는 마음을 표현하지 않는다면 그 마음은 점점 더 작아지고, 희미하게 기억되는 존재가 될 것이다. 부모에게 존댓말을 하는 경우와 그렇지 않은 경우를 생각하면 훨씬 더 이해가 쉬울 것이다. 아이가 부모에게 존댓말을 하지 않고 친구에게 하듯이 반말을 하다 보면 막말도 하게 되고 존경하는 마음은커녕 마음에서도 친구보다 부모를 하찮은 존재처럼 생각하게 될 수도 있다. 이렇게 마음을 표현하는 말이 곧 마음이 되는 것이다.

이런 면에서 자쓰리 브라더스에게 존댓말 습관을 지니도록 잘 가르친 아내의 노력에 깊은 감사를 느낀다. 부모에게 존댓말을 쓴다는 것은 하나의 형식이 아니라 부모에 대한 감사의 마음을 표현하며 그 마음을 키워나가는 아주 중요한 인성교육의 출발점이다. 그러므로 대부분의 가정에서는 부모에 대한 아이들의 존댓말 습관을 권장하고 잘 지켜지도록 지도할 필요가 있다. '우리 가족은 친밀하니까 괜찮을 거야'라는 생각은 위험하다. 그런 서슴없이 친한 표현을 많이 쓴다고 해서 친해지는 것이 아니라 오히려 무시하고 업신여기는 나락의 길로 들어서는 것임을 잊지 말아야 한다.

또한, 엄마들은 남편이 없을 때 아이 앞에서 아빠에 대해 흉을 보거나 험담을 하지 않도록 주의해야 한다. 남편에 대한 부정적인 생각과 행동이 아이들에게 그대로 옮겨갈 수 있기 때문이다. 따라서 아이들 앞에서는 아빠에 대해, 되도록 긍정적인 이야기만 하는 게 좋다. 혹시 남편에 대한 서운한 감정이 있더라도 아이들 앞에서만큼은 남편을 이해하고 역지사지하는 태도로 말해야 아이들도 아빠에 대한 긍정적인 감정과 태도를 유지할 수 있게 된다. 특히, 자쓰리 브라더스와 많이 부딪히는 아내를 위해 나는 아내가 없을 때마다 아들들에게 엄마에 대한 칭찬과 고마움을 표시한다. 맛있는 음식은 물론이고 집 안을 깨끗하고 아름답게 꾸며주는 엄마에 대한 감사의 마음을 늘 표현하도록 독려하고 있다. 대부분의 가정에서, 어찌 보면 사소할 수 있는 이런 것들이 지켜지지 못하기 때문에 가정교육이 흐트러지고 망가지게 되는 것이다. 따라서 부부 간에는 아이들 앞에서 칭찬과 이해를 이끌어내는 것이 자녀들에게 존경을 받는 길임을 반드시 명심하자.

## 훌륭한 아빠가 되는 최고의 비법

아이들이 아빠에 대한 존경과 사랑을 적극적으로 표현하게 되면 아이도 아빠에 대한 긍정적인 마음이 커지게 되는 것은 물론, 아빠 또한 훌륭한 아버지가 되려고 온갖 노력을 하게 될 것이다.

지금부터는 아빠인 남자들이 스스로 자부심을 느끼고 훌륭한 아버지가 될 수 있는 최고의 비법을 알려주려 한다. 그 비법을 배우기 전에 먼저 저녁 시간에 아빠가 퇴근하는 모습을 상상해보자. 요즘 대부분의 아빠들은 퇴근할 때 현관문을 열쇠로 열거나 번호를 누르거나 혹은 지문인식을 이용해 스스로 문을 열고 들어오는 경우가 많다. 현관문을 직접 열고 들어오면서 "아빠 왔다!" 하면서 자신의 귀가를 큰 소리로 말하며 직접 알린다. 하지만 아무도 아빠를 반기는 사람은 없다. 오직 심심하던 차에 새로운 손님을 맞이하는 강아지만 기뻐하며 반길 뿐이다. 아내는 부엌에서 저녁 준비하느라 바쁘다는 핑계로 고개만 휙 돌아보면서 "오셨어요?"라고 인사만 겨우 건넨다. 또 아이들은 방에서 얼굴도 내보이지 않은 채 인사하거나 심지어 인사는커녕 방에 들어가 아빠가 먼저 인사를 해도 대답도 하지 않는 경우가 많다. 한마디로 요즘 아빠들은 택배 아저씨보다 못하다는 말이 달리 나온 것이 아니다. "택배 왔어요." 하면 온 가족이 나와 반갑게 맞이하는 모습을 보고 나온 것이다.

가족을 위해 헌신하며 하루를 힘들게 보낸 아빠에게 이런 대접을 하는 것은 인간의 기본을 갖추지 않았다고 생각한다. 이것은 비단 아빠에게만 해당하는 것은 아니다. 아빠에게도 이럴 진데 엄마에게는 그러지 말라는 법은 없을 것이다. 자신을 낳아주고 길러준 부모에게 감사할 줄 모르는 아이가 어떻게 그 누구에게 감사하며 인생을 값지게 살 수 있겠는가? 부모를 존경하지 못한다는 것은 나에 대한 자존감도 낮은 것으로 보면 된다. 이런 아이가 어떻게 인생의 행복과 성공을 얻을 수 있겠는가? 인생은 인성이 좌우한다. 그리고 그 인성의 기본은 부모에 대한 감사와 존경심에서 시작되는 것이다. 그 감사와 존경은 형식을 통해서 더욱 강화되기 마련이다.

그래서 아빠가 있는 모든 가정에 꼭 알려주고 싶다. 아빠에 대한 존경심과 권위를 살려줄 수 있는 가장 간단하고 쉬운 방법이다. 그것은 바로, 귀가할 때 반드시 초인종을 누르라는 것이다. 너무 늦은 귀가가 아니라면 반드시 초인종을 누르자. 아내는 남편이 초인종을 누르면 아이들로 하여금 현관문을 열고 아빠를 따뜻하게 맞이할 수 있도록 하자.

나는 늦은 밤중이 아니라면 반드시 초인종을 누르며 귀가한다. 그러면 어김없이 자쓰리 브라더스가 우당탕 뛰어오는 소리가 현관문 너머로 새어나온다. 문을 열면, "아빠 오늘도 수고하셨어요. 사랑해요. 아빠!" 하며 자쓰리가 한 명씩 사랑과 존경을 내 가슴에 뜨겁게 새겨준다. 그럼 나는 한 명씩 꼭 껴안아주며 고맙다고 말하고 오늘도 행복하게 잘 지냈는지 눈을 맞추며 인사를 나눈다. 비록 1분도 채 걸리지 않는 시간이지만 가족들의 따뜻한 포옹과 감사의 인사는 아빠인 나의 마음속에 용광로와 같은 뜨거운 열정과 사랑을 키워준다. 이 시간만큼은 자쓰리 브라더스도 아내도 그리고 녹초가 된 나도 다시금 사랑의 에너지를 가득 채우는 행복 가득한 충전의 시간이 된다. 퇴근할 때 초인종을 누르는 것은 단순히 버튼 하나 누르는 것이 아닌 가족 사랑의 전원을 다시 켜는 버튼과도 같은 것이다.

*

아빠의 구체적이고도 진정성 있는 칭찬은
비록 작은 칭찬이라 할지라도 아이로 하여금 자신감을 갖게 하고
결국은 아이의 자존감을 키우는 데 중요한 역할을 한다.

# 아이의 자존감은 아빠가 높인다

# 01

## 아빠의 자존감이
## 아이의 자존감을 결정한다

어느 날, 초등학생 4학년인 서현이 엄마가 고민스러운 얼굴로 날 찾아왔다. 서현이는 엄마와도 잘 지내고 일상적인 생활에서는 별 탈 없지만 늘 숫기가 없어 걱정이란다. 특히 서현이는 아빠가 퇴근하고 돌아오면 거실에 있다가도 자기 방으로 들어가 잘 나오지 않는다고 한다. 아빠가 질문이라도 할라치면 제대로 대답도 하지 않고, 대답을 해도 잘 들리지 않을 정도로 작은 목소리로 말을 하곤 한다. 엄마와는 재미있는 얘기도, 학교에서 있었던 일도 조잘조잘 얘기를 잘하는데, 아무래도 너무 엄한 아빠의 태도 때문에 그런 것은 아닌지 서현이 엄마는 걱정하고 있었다.

## 자존감이 낮은 아이

내가 만난 서현이는 그 또래 여자아이들처럼 호기심 많고 평범한 아이였다. 하지만 서현이와 상담을 진행해보니, 특히 공부에 대한 자신감을 잃어가고 있는 서현이의 모습이 발견되었다. 서현이는 그야말로 정신적으로 아주 힘든 상태였다. 시험을 보려고 하면 어디서 나타나는지 갑자기 긴장감이 생겨, 알던 문제도 잘 풀지 못하는 상황이 계속된 것이다. 또 수업시간에도 자신이 발표한 게 틀릴까봐 두렵다고까지 했다. 심지어 친구들이 자기와 놀기 싫어하는 건 아닌지도 걱정된다고 했다. 테스트 결과, 서현이는 다른 아이에 비해 자존감이 현저히 낮게 나타났다. 서현이를 이토록 소심하고 숫기 없는 아이로 만든 원인은 과연 무엇일까?

서현이와 상담 후, 서현이의 가족과 상담을 진행했는데 서현이의 낮은 자존감의 원인은 그리 멀지 않은 곳에 있었다. 바로 서현이 아빠에게서 비롯된 것으로 보였다. 보수적이고 권위적인 집안의 외아들로 자란 서현이 아빠는 자수성가형의 인물로 자기관리가 투철했으며, 자신만의 분명한 원칙으로 옳고 그름에 대해서는 똑 부러지게 표현하는 강건한 스타일이었다. 그렇게 성장한 아빠는 아직 어린 서현이가 동생들의 모범이 되길 바라는 마음에 조그마한 잘못에도 크게 꾸짖었다. "그렇게 해서 나중에 뭐가 될래?" "고작 그 성적으로는 아무 쓸모도 없는 사람밖에 안 돼."라는 말을 서현이에게 자주 했던 것이다. 이런 아빠의 말과 행동을 어린 서현이가 감당하기는 어려웠다. 상담 끝

에 서현이 아빠는 어린 서현이에게 너무 많은 것을 기대했고, 기대치
에 미치지 못하는 서현이를 채근한 것이 서현이의 자존감을 빼앗은
것 같다며 뉘우쳤다.


## 부모의 인정과 칭찬이 아이의 자존감을 만든다

자존감은 자기 자신을 존중하고 사랑하는 마음이다. 내가 나를 믿
지 못하고 사랑하지 않는다면 다른 사람 앞에서 나란 존재는 정말 한
없이 작아지고 만다. 매사 어떤 일을 해도 자신감이 없고, 두렵고, 다
른 사람의 시선이 불편해질 것은 두말할 필요가 없다. 이런 자존감은
친구관계, 태도, 리더십 등 여러 측면에도 영향을 미치게 되는데, 자존
감이 높은 아이는 대체로 친구관계도 원만하다고 할 수 있다. 또한, 이
런 아이들은 평소 자연스럽게 행동하고 긍정적이며, 어느 정도의 리더
십도 가지고 있는 편에 속한다. 즉 자존감이 높을수록 아이는 더욱 즐
거운 생활을 누릴 수가 있는 것이다.

그렇지만 자존감이 약한 아이는 자신의 실체와는 별개로 남의 시선
을 의식해가며 사람들이 나를 어떻게 생각할까 전전긍긍하며 살아가
니 모든 일이 즐거울 수가 없다. 무슨 일을 하든 남의 눈치를 보며 자
신의 행동을 감시해야 하니 불편한 옷을 입은 듯 힘든 생활을 할 수밖
에 없는 노릇이다. 또 이런 의식적인 행동 때문에 대인관계가 원만하
지 않고 심한 열등감을 가지게 될 수도 있다. 가령 학교에서 발표를 하
거나 자기 의견을 말하는 것을 힘들어하고 긴장하는 것도 다 이런 자

존감이 부족한 데서 기인한다.

자존감이 높은 아이로 자라기 위해서는 무엇보다 **건전한 자아상**을 가지는 것이 중요하다. 그런데 이 자아상은 '**중요한 타인**(Significant Others)', 즉 부모, 형제자매, 선생님, 친구 등으로부터 영향을 받으며, 그중에서도 가장 큰 영향은 주는 것이 바로 부모이다. 아이는 가장 친밀하고 가까운 부모로부터 인정과 칭찬을 받을 때 긍정적인 자아상을 형성할 수 있으며, 만약 부모의 인정과 칭찬을 받지 못한다면 부정적인 자아상을 형성하기가 쉬워진다. 특히, 어린 시절 부모의 태도와 가치관이 아이의 자존감에 결정적인 영향을 미친다는 데 주목해볼 필요성이 있다. 어렸을 때 부모와의 교감을 통해 아이의 자존감은 자연스럽게 형성되는 것이므로 이 시기 부모의 역할이 가장 중요하다. 그중에서도 아빠의 역할이 자존감에서는 크게 작용한다.

집안의 가장인 아빠의 역할은 스포츠 팀으로 보면 감독의 역할일 수 있다. 그래서 아이에게 아빠의 자존감은 특히 더 중요하다고 할 수 있다. 아이는 집에서 엄마가 키우는 것이지 무슨 아빠의 역할이 중요하냐고 반문하는 사람도 있을 것이다. 그렇다면 한 가지 예를 보면, 자존감이 높은 아빠는 엄마와 대화할 때도 긍정적이고 안정감을 주는 언어로 한다. 그런 긍정의 힘, 부부의 대화에서 싹튼 자존감은 힘든 육아에서도 아이들에게 긍정의 마음을 키워줄 수 있는 여유를 주게 되는 것이다. 또한, 자존감이 높은 아빠는 결과보다는 과정을 중시하며, 능력보다는 노력을 강조하는 긍정적이고 적극적인 양육 태도로 아이들에게도 자존감을 높이는 효과를 발휘하게 된다.

앞서 얘기한 서현이의 경우도 마찬가지다. 아버지의 자존감이 낮다 보니 긍정보다는 부정의 언어로, 적극적인 태도보다는 소극적인 태도로 서현이를 교육했던 것이다. 다행인 것은 아버지가 진심으로 잘못을 깨닫고 다시 시작하는 마음으로 작은 언어나 행동, 그리고 생각까지 나와 상담한 것을 토대로 하나씩 열심히 실천하겠다고 약속했다. 그 실천은 서현이의 미래를 위해서도 그렇게 해야겠지만 부부의 미래를 위해서도 반드시 필요한 일이었다.

그 후, 부모 학교 기수별 모임에서 만난 서현이의 가족에게서는 긍정의 에너지가 느껴졌다. 무엇보다 달라진 것은 가족끼리 작은 스킨십도 나누고, 서현이가 크게 웃으며 아빠와 대화하는 모습도 눈에 띄었다. 아버지의 작은 변화가 온 가족의 자존감과 행복을 키운 것이다.

# 02

# 자존감을
# 쑥쑥 키워주는 3마디

아이의 성장과 발전에 가장 중요한 것 중의 하나가 자존감이며 이 자존감은 어렸을 때 부모의 양육 태도에 따라 형성된다고 앞에서 설명했다. 그렇다면 어릴 때 형성된 아이의 자존감은 아이가 자라면서 절대 변하지 않는 것일까? 기질적·환경적 요인에 따라 다르겠지만, 아이가 자라면서 어떤 경험을 하는가에 따라 아이의 자존감이 높아지기도 하고 낮아지기도 한다.

## 아이의 자존감을 억누르는 교육 환경

2013년 5월, OECD 23개 회원국의 어린이와 청소년의 주관적 행복지수를 조사한 결과, 우리나라의 어린이와 청소년의 행복지수는 최하위를 기록했다. 그것도 3년 연속 최하위라는 불명예를 안게 되었다. 이 결과는 우리나라가 학력 경쟁에서는 다른 나라와 견주어 최상위권에 속해 있지만, 정작 아이들은 행복감을 전혀 느끼지 못하고 있다는 것을 의미한다. 자신이 공부하면서 행복감을 느끼지 못하는 것은 아이들의 자존감과 관계된 중요한 문제이다.

많은 아빠들은 아이가 좋은 성적으로 좋은 대학을 나와서 좋은 직장을 갖고 자신보다 더 나은 삶을 살기를 절실하게 바란다. 그러나 한국의 과열된 교육 환경에서는 그것이 매우 어렵다는 것을 아빠 자신이 직접 경험한 것이기에 잘 알고 있다. 그래서 대한민국의 부모들은 과도한 입시경쟁에서 살아남아야 한다는 강박감을 가지고 아이를 양육하고 있는 것이 현실이다. 이런 강박 속에서 공부하는 아이들이 과연 행복할 수 있을까? 우리나라 아이들의 자존감 형성에 큰 변수로 작용하는 것이 바로 학업 성적이라고 할 수 있는데, 이 학업 성적 때문에 아이들은 자신이 좋아하는 것보다는 성적에 급급한 생활을 하게 된다. 내가 좋아하는 것을 공부하고 또 친구들과 자유롭게 경쟁하는 구도가 되지 못한 우리나라의 교육 현실이 아이들의 자존감 형성을 억누르고 있는 주범인 것이다.

이렇다 보니 아이를 주로 성적이라는 잣대로 평가하게 되고, 성적이 낮은 아이는 자신감을 잃게 되고 자신을 긍정적으로 보기 어렵게 된다. 비단 공부를 잘하고 성적이 월등하다고 해서 자존감 형성에 영향을 받지 않는 것은 아니다. 공부 잘하는 아이는 더 잘하기 위해 또 누군가 자신을 앞지르지 못하게 방어하느라 늘 조바심이 나고 행여 성적이라도 떨어지면 엄마보다 아빠의 눈치를 살피게 된다. 집에서 가장 두렵고 엄한 존재가 아빠이기 때문이다. 아이가 힘들어할 때 아빠가 옆에서 보듬어주고 격려해주면 좋을 텐데 그렇지 않은 가정이 대부분인 것이 현실이다. 여기서 반드시 알아 둘 것은 아빠가 성적을 가지고 꾸중이나 잔소리를 하면 할수록 아이에게 높은 자존감을 기대하기란 힘들다는 것이다.

## 내 아이의 자존감을 키우기 위해 아빠가 버려야 할 것

내 아이의 자존감을 키우기 위해서는 아빠들이 반드시 버려야 할 것 2가지가 있으니 알아보자.

아빠가 버려야 할 첫 번째는 아이의 학업 성적에 대해 상처를 주는 것이다. 물론 아이가 받아온 낮은 점수를 보고 화가 나지 않는 아빠는 없을 것이다. 그렇지만 아이의 성적에 절대적으로 민감한 엄마가 아이를 믿고 기다리게 하기 위해서는 아빠의 역할이 정말 중요하다고 할 수 있다. 아빠는 아이의 인생을 단거리 100미터 경주가 아닌 42.195킬로미터의 장거리 마라톤 경주라는 것을 엄마에게 먼저 이해시켜, 성적 때문에 엄마가 아이를 다그치지 못하게 해야 한다. 쉽지는 않겠지만, 아이가 노력한 결과를 인정하고 아이를 지나치게 성적 위주로 내몰지 않도록 엄마를 잘 설득해야 한다. 그리고 아이가 스스로 뭔가 할 수 있다는 성취감을 느낄 수 있도록 아빠가 좀 더 적극적으로

도와주어야 한다. 작든 크든 아이가 다른 아이보다 잘하는 일을 했을 때는 칭찬에 인색하지 말고 충분히 해주자. 또한, 아빠와 엄마가 서로 존중하는 모습을 아이에게 보여줄 필요가 있다. 이런 부모 밑에서 자란 아이는 자연스럽게 자기를 존중하는 마음을 배우게 된다.

아빠가 버려야 할 두 번째는 지금까지 가져왔던 아빠의 사고방식이다. 아이의 자존감을 높이는 데에 가장 많은 영향을 미치는 것이 바로 가장이자 가족의 중심인 아빠의 사고방식이기 때문이다. 경쟁 위주의 사회생활 속에서 주로 생활해온 아빠들은 자신도 모르게 아이의 자존감을 낮게 만드는 사고방식을 가지기 쉽다. 예를 들면, 과정보다는 결과를 중시하는 결과론적 사고방식과 노력보다는 이미 정해진 능력을 중시하는 결정론적 사고방식을 가지기 쉽다. 이런 아빠들은 자신도 모르는 사이 아이로 하여금 성적과 같은 결과에 집착하게 하고, 결과가 안 좋게 나왔을 때는 자신이 능력 없는 사람이라고 느끼게 만들 수도 있다. 이런 영향은 학업 성적뿐만 아니라 스포츠에서도 적용된다. 가령 아이들의 체력을 도모하기 위한 축구경기가 끝난 후, 자신이 졌다며 성질을 부리며 우는 아이들을 볼 수 있다. 이런 아이들 대부분이 경쟁의식이 과하고 승부 결과에 민감한 아빠의 영향을 받으며 자라난 경우가 많다. 아이들은 실패에 대한 반응이 너무 민감하여 어려운 것에는 도전하지 않으려는 경향이 강하고 스스로 핑계를 대며 자기 합리화에 능한 아이가 되기 쉽다.

아이의 자존감을 위해 아빠가 반드시 알아두어야 할 것도 있다. 그것은 바로 자존감이 높은 아이의 특성을 먼저 알아야 한다는 것이다. 앞장에서, 높은 자존감은 건전한 자아상을 지니고 있어야 가능해진다고 했다. 이 건전한 자아상을 형성하는 데는 다음의 3가지 구성요소가 있으니, 바로 소속감(또는 자신에 대한 호감, 누군가로부터 사랑받고 있다는 느낌), 가치감(또는 자기 가치감, 자신을 중요하고 가치 있는 사람이라고 여기는 것), 그리고 자신감(자신의 능력에 대한 만족감)이다. 따라서 아빠가 이 3가지를 아이에게 매일 느낄 수 있도록 해주면 아이는 자존감 높은 아이로 성장할 수 있을 것이다.

이제 아빠는 자존감을 키우는 건전한 자아상의 3가지 구성요소를 다음과 같은 문장으로 만들어 주문처럼 아이에게 응용하기만 하면 된다.

"아빠, 엄마는 네가 우리의 아들(딸)로 태어나줘서 얼마나 행복한지 몰라." **소속감**

"아빠 생각에 너는 이 세상에 꼭 필요한 유일하면서도 아주 특별한 사람이란다." **가치감**

"아빠 생각에는 네가 열심히 노력한다면 너는 네 목표를 꼭 이룰 수 있을 거야." **자신감**

이와 같은 자존감을 높여주는 3가지 구성요소로 만든 말을 매일 아이에게 들려주자. 물론 비슷한 다른 말로 얼마든지 바꿔서 말해줘도 상관없다. 아이에게 의미만 잘 전달될 수 있다면 말이다. 이처럼 아

빠가 매일 아이에게 진정성 있게 이야기해준다면 아이 스스로 건전한
자아상을 형성해줄 소속감과 가치감, 자신감을 느낄 수 있을 것이며,
자존감도 쑥쑥 키울 수 있을 것이다.

## 03
······

# 아빠의
# 자존감 회복 5단계

부모 교육과 상담이 보편화되면서 아이의 교육에 대해서 관심을 갖는 아빠들이 많아졌다. 내게 교육이나 상담을 받으러 오는 아빠 중 대부분은 아이의 인생에 있어서 자존감이 중요하다는 것을 잘 알고 있으며 아이의 자존감을 높이려고 애쓰고 있다. 그런데 그런 아빠 가운데는 자신의 의도와는 달리 자신의 행동이 역효과를 내어 아이의 자존감을 낮게 하는 것 같다며, 걱정을 호소하기도 한다. 이런 경우의 대부분이 아빠 자신의 자존감이 낮기 때문이라고 볼 수 있다. 그렇다면 어떤 아빠가 자존감이 낮은 걸까? 자존감이 낮은 이유는 콤플렉스(열등감) 때문이라고 할 수 있다. 콤플렉스는 다른 사람과 자신을 비교해서 자신이 부족하다고 생각하는 데서 오는데, 이 콤플렉스가 정말 의외의 상황에서 튀어나오곤 해서 자신과 상대방을 당황스럽게 하거나 힘들게 만들 수도 있다.

## 아이의 자존감을 망치는 아빠의 콤플렉스

이런 콤플렉스가 도대체 어디서 기인하는지 짚고 넘어가야 아빠의 자존감을 되찾을 수 있으니 콤플렉스가 생기는 원인부터 알아보자. 콤플렉스를 느끼게 되는 조건은 개인마다 다르지만, 아빠들의 일반적인 콤플렉스의 원인을 보면 크게 3가지로 나누어 설명할 수 있다.

첫째, 선천적 조건 때문에 콤플렉스를 가지고 있는 경우다. 자신의 외모나 집안, 부모 등의 조건 때문에 콤플렉스를 느끼게 된다.

둘째, 후천적 조건 때문에 콤플렉스를 가지고 있는 경우다. 자신의 학벌이나 가난, 지위 등의 조건 때문에 콤플렉스를 느끼게 된다.

셋째, 부정적인 경험 때문에 콤플렉스를 가지고 있는 경우다. 어릴 적 친구들에게 왕따나 폭행을 당했거나, 사회생활에서 배신을 당했거나, 사업 실패로 인한 경제적인 압박을 당했거나 하는 등의 자신의 부정적인 경험 때문에 콤플렉스를 느끼게 된다.

이런 콤플렉스들이 아빠의 자존감을 낮추고 매사에 소극적으로 만들고 부정적인 사고에 사로잡히게 한다. 또한, 자신이 존중받아야 할 가치가 충분히 있음에도 불구하고 스스로 비하하거나 저평가하게 만드는 경향이 있다. 이러한 아빠들의 콤플렉스는 오랜 세월 자신의 깊은 내면에서 자리 잡고 있었기 때문에 그것을 한 번에 없애기란 실로 어려운 일이 아닐 수 없다. 그렇다고 해서 이런 콤플렉스들이 자존감에 상처를 주게 해서 자신의 인생을 망치도록 내버려둬서는 안 된다. 또 이런 아빠의 콤플렉스로 인해서 내 아이의 자존감마저 낮게 만들어서는 더욱 안 되는 일이다. 비록 어린 시절부터 형성된 콤플렉스라 할지라도 자신의 태도와 의지에 따라 얼마든지 건강하게 바꿀 수 있으니 걱정하지 않아도 된다. 이러한 콤플렉스를 극복하는 것이 아빠의 자존감을 회복하는 단계가 될 것이며 나아가서는 아이의 자존감을 높게 만드는 필수 과정이 될 것이다. 이것은 곧 온 가족이 행복을 위해 내딛는 첫걸음이 될 것이다.

## 아빠의 자존감 회복 5단계 프로젝트

그렇다면 어떻게 아빠들의 콤플렉스를 극복하고 자존감을 회복할 수가 있을까? 자존감 회복을 위해 다음의 자존감 회복 5단계를 읽고 잘 실천한다면, 아빠의 자존감 회복은 물론 아이의 자존감까지 키워 주는 계기를 만들 수 있을 것이다.

### 1단계 : 포기할 건 포기하라

'그때 좀 더 잘했더라면 지금 더 행복할 텐데…….' '내가 좀 더 좋은 대학을 나왔으면 지금 아이들에게 더 좋은 아빠가 되었을 텐데…….' 등과 같은 바꿀 수 없는 현실에 집착하지 말라는 것이다. 바꿀 수 없는 것이나 이미 지나버린 과거는 과감히 받아들여라. 바뀔 수 없는 과거에 연연한 것만큼 어리석은 것은 없다. 현실을 인정하고 나면 오히려 마음이 편해지고, 행복할 수 있을 것이다. 포기할 건 포기하는 것이 마음도 편안하고 새로운 것을 다시 시작할 수 있는 에너지가 생기게 해준다.

### 2단계 : 남들을 의식하지 마라

'저 사람들이 나를 보고 어떻게 생각할까?' '내가 이렇게 말하면 나를 어떤 사람으로 생각할까?' 등과 같은 다른 사람들의 시선을 의식하기 시작하면 행복하지 않다. 늘 누군가의 시선을 느끼며 생활한다고 생각해봐라. 이것이야말로 불행의 시작이다. 남들의 깨진 거울로 나를 비추지 마라. 즉 그 어떤 사람도 완벽하지 않으므로 그 누구도 나를 제대로 평가할 수는 없다. 그런 타인의 평가나 시선을 의식하면 결국 그들의 입맛에 맞추다 내가 지쳐 쓰러질 뿐이다.

### 3단계 : 자신의 실수를 용서하라

'바보같이 왜 그렇게밖에 못했을까?' '난 정말 형편없는 놈이야. 거기서 그런 실수를 하다니……' 등과 같이 자존감이 낮은 사람은 자신의 실수에 대해 가혹할 정도로 자신을 질타하거나 창피해한다. 실수는 누구나 할 수 있는 것이고 그 실수가 인생을 완전히 뒤바꿔놓지는 않는다. 자신의 실수를 용서하고 다시는 실수를 하지 않도록 노력하는 것이 중요하다.

### 4단계 : 자신을 격려하라

'나는 내가 정말 자랑스럽다.' 또는 '괜찮아, 비록 이번엔 실패했지만 끝까지 최선을 다한 내가 정말 존경스러워.' '부족하지만 아빠로서 최선을 다한 거야.'라며 자신을 스스로 위로하고 격려하자. 자기 위로의 목소리가 자기 비난의 목소리보다 강한 사람들은 자존감이 높고 성취 동기부여가 강하다.

### 5단계 : 긍정적으로 생각하라

시험을 앞두고 '아무래도 이번엔 망칠 것 같아.'라는 생각을 가지면 실제로도 시험을 망칠 가능성이 높다. 반대로 '이번엔 잘될 거야.'라는 자신감을 가지면 힘들고 어려운 상황이라도 긍정적으로 맞닥뜨릴 수 있게 된다. 진짜 실패했더라도 좌절하지 말고 자신의 노력과 열정을 칭찬하며 다음에 목표를 이룰 수 있도록 다시 힘차게 일어나면 된다.

이와 같은 자존감 회복 5단계를 아빠들이 하나씩 실천해보자. 마음속 깊은 곳에서 자신에 대한 사랑과 연민, 그리고 응원의 소리가 들릴 것이다. 이것이 바로 자기 위로의 소리이며, 자신의 마음속 한편에 자리 잡아 살고 있는 자기 비난의 소리를 쫓아낼 수 있는 계기가 될 것이다. 자기 위로의 소리가 승리하는 것이 곧 자존감 회복의 신호이자 꿈을 향한 새로운 도전의 우렁찬 목소리가 될 것이다.

아내나 아이가 자존감이 낮은 것 같다면 자존감 회복 5단계 비법을 아내나 아이에게 맞춰 활용할 수도 있다. 무엇보다 우선되어야 하는 것은 아빠 자신의 자존감을 높이는 일임을 잊지 마아야 한다. 가족 모두의 자존감을 높이며 가족 행복을 키울 수 있는 희망의 문을 아빠인 나부터 활짝 열어보자!

# 04

# 아이에게 줄 수 있는
# 최고의 선물

대부분의 바쁜 아빠들이 아이에게 선물 공세를 퍼붓는 경우가 많다. 아빠가 해주지 못한 일에 대한 보상을 선물로 대체하려는 듯, 아이들에게 무언가를 사주고 싶어 한다. 회사 일로 바빠서 자주 놀아주지 못하는 미안함을 스스로 위로받고 아이에게는 보상을 주기 위해, 아빠들은 종종 선물이라는 카드를 꺼내 든다. 아빠 스스로 어릴 적 갖고 싶었던 걸 마음껏 가질 수 없었던 부족함이 원인인 경우도 많다. 그래서 엄마의 만류에도 불구하고 아빠들은 몰래 아이에게 선물을 사주기도 한다.

## 아빠가 아이에게 주는 최고의 선물, 자신감

선물을 통해서 사랑을 전하며 아이와 좋은 관계를 맺고 더 나아가 아이에게 자신감을 심어주고 싶은 게 아빠들의 공통된 마음일 것이다. 그러면서도 '어떤 선물을 해야 아이가 아빠를 더 사랑하고 아이에게 도움이 되는 것일까?' 하는 것이 아빠들에게는 영원히 풀리지 않는 수수께끼이기도 하다.

먼저 아이들은 아빠에게 어떤 선물을 받았을 때 가장 행복하고 즐거운지 아이들의 마음을 알아봐야 한다. 보통 아들이라면 로봇 장난감이나 블록, 총을 좋아할 것이고, 딸이라면 소꿉놀이, 인형 등을 손꼽을 수 있겠다. 하지만 이런 종류의 선물은 한계효용의 법칙에 쉽게 도달하는 것들로, 처음에는 좋아하지만 금세 싫증을 내거나 자주 반복이 되다 보면 탐탁지 않은 반응을 보이게 된다. 즉 조금만 시간이 지나면 한계효용성이 떨어짐은 물론 선물에 대한 생산성도 매우 떨어진다는 뜻이다. 그 자체로는 행복하지만 다른 일들과 연계성도 적어 투자 대비 수익이 그리 효율적이지 않다는 것을 알려주고 싶다. 그래서 어렵게 준비한 선물을 선사한 아빠는 선물을 줄 때만 잠시 자신의 말을 듣고, 공부도 열심히 하지 않는 아이가 점점 미워지게 된다.

그렇다면 아이의 긍정적인 변화를 이끌어낼 수 있는 아빠의 최고 선물은 과연 무엇일까? 이 선물은 아빠가 돈을 쓸 필요도, 큰 노력을 들일 필요도 없다는 점을 강조하고 싶다. 그리고 아빠가 이 선물을 아이에게 자주 그리고 더 많이 선사한다면 아이는 분명히 긍정적인 아이로 멋지게 변할 수 있을 것이다. 아이가 스스로 즐겁게 공부하고 적극적인 태도로 살아가고, 리더십과 행복한 인간관계까지 가능하게 하는, 물론 아빠와의 관계도 좋아지는, 그야말로 인생의 성공과 행복을 위해 꼭 필요한 선물은 무엇일까?

그것은 바로, 자신감이다. 자신감은 아이들의 뇌에 있는 긍정적인 회로를 활성화시켜 두뇌 작동을 좋게 해준다. 반대로 아이들에게 실망감이나 화, 분노, 스트레스 등을 주게 되면 뇌 회로를 엉키게 만들어 정상적인 방법으로 자신의 감정이나 욕구를 표현하는 데 어려움을 겪게 된다.

부모와 자녀의 자신감에 대한 상관관계를 조사한 교육심리학자들에 의하면, 자신감이 부족하고 자부심이 없는 부모의 자녀는 자신감과 자부심이 충만해 있는 부모의 자녀보다 자신감과 자부심이 현저히 부족한 비례적 상관관계를 보인다고 한다. 특히 부모 중에서도 가족의 중심이자 가장인 아빠의 자신감과 자부심이 아이들에게 미치는 영향은 거의 절대적이라고 할 수 있다.

자신감 없고 자부심이 부족한 아빠는 자기도 모르게 항상 남을 의식하며 살아간다. 아빠 자신이 자신감이 부족하므로 다른 사람의 인정을 받기 위해 자신의 관점에 따라 아이를 재단하게 되고 결국 아이가 자기 자신을 좋아하기보다 남을 부러워하거나 질투하며 방어적인 사람으로 자라게 만드는 결과를 가져오게 되는 것이다.

또 자신감과 자부심이 부족한 아빠는 아이를 남과 비교하며 닦달

하길 좋아하고 쉽게 비난하는 경향을 가진다. 이런 아빠 밑에서 자라는 아이는 결국 자신의 장점보다는 단점에 집착하게 되고 결국은 부정적이고 자기 비하에 쉽게 젖어드는 아이로 자라게 된다.

### 아이에게 자신감이라는 선물을 주려면

그렇다면 아빠가 아이에게 자신감과 자부심을 선물하고 싶다면 어떻게 하는 것이 좋을까? 그 방법에 대해 알아보자.

첫째, 아빠는 아이가 어떤 재능과 자질을 지녔는지를 인내심을 가지고 섬세하게 관찰해야 한다. 아이의 부족한 점보다 잘하는 점을 찾아내서 칭찬하고 아이가 진정한 자신의 모습을 발견할 수 있도록 곁에서 격려하고 지지해주는 것이 가장 중요하다. 그러면 아이는 자기 스스로 탁월성을 찾아내어 자신감과 자부심을 갖게 될 수 있을 것이다.

자쓰리 브라더스의 막내 자언이는 형들보다 공부에 대한 관심도 적고 책 읽기도 좋아하지 않았다. 그러다 보니 주위 사람들로부터 형들과 비교당했고, 사람들 앞에서 자신감 없이 움츠러드는 경향이 있었다. 자언이의 모습이 안타까워 어떤 방법이 있을까 궁리하며, 나는 자언이의 여러 가지 역량을 오랜 시간을 두고 관찰하기 시작했다. 그러던 중 자언이에게 가장 눈에 띄는 것이 발견됐고, 그것은 바로 뛰어난 운동신경이었다. 자언이는 형제 중 누구보다 순발력이 뛰어나고 몸으로 하는 것은 빠르게 배웠다. 그래서 나는 자언이에게 말했다.

"자언아. 아빠가 자언이 공 차는 것을 지켜보니 자언이는 축구를 좋아하고, 더 잘하고 싶어서 적극적으로 배우고 바로 익혀서 써먹을 수 있는 뛰어난 능력을 가졌더구나. 이런 능력은 운동뿐만 아니라 공부나 다른 어떤 것에도 적용해서 쓸 수 있는 것이란다. 축구처럼 공부도 독서도 다른 어떤 일에도 욕심을 갖고 노력한다면 자언이는 누구보다 빨리 배우고 잘할 수 있는 훌륭한 능력을 가지고 있으니 자신감을 가지고 열심히 해보렴."

이렇게 말하자 자언이는 조금은 쑥스러워하는 듯하더니 이내 빙긋이 웃으며 들뜬 모습이었다. 그날 이후로 자언이는 독서와 공부에 이전과는 다른 자세로 열심히 도전하는 모습을 보였다. 지금도 시행착오를 겪고 있지만, 전보다는 훨씬 더 밝은 모습으로 공부를 한다. 자신감 없어 하던 수학을 이제는 가장 좋아하는 과목으로 뽑고 있을 정도다.

둘째, 아빠는 사랑과 믿음으로 아이를 칭찬해줘야 한다. 무엇보다 칭찬은 아이가 이 세상을 신뢰하며 살아갈 무한한 에너지를 공급해주는 것이기 때문이다. 또한, 칭찬은 어렵고 힘든 일이 있어도 자신이 언제나 사랑 속에 있었던 기억으로 자신감과 자부심을 가지게 되어 새롭게 도전하는 에너지가 된다. 그래서 나는 자쓰리 브라더스가 언제나 사랑받고 있다는 것을 느낄 수 있도록 스킨십을 자주 나누며 사랑한다고 속삭여준다. 조금 긴 포옹을 하며 따뜻한 칭찬과 격려를 해주면 아이들은 온몸으로 나를 껴안으며 '고마워요. 아빠' 하며 사랑의 답례를 속삭여준다.

아빠가 관찰과 칭찬을 통해 키워준 아이의 자신감과 자부심은 좋은 인성 형성은 물론 학습에 있어서도 무한도전을 가능케 하는 최고의 에너지가 된다. 특히, 아이들에게는 언제나 슈퍼맨 같은 아빠의 섬세한 관찰과 따뜻한 칭찬이 아이들의 자신감과 자부심을 높여줄 것이고, 이는 곧 아이의 미래를 결정하는 자존감을 높여줄 것이다.

마지막으로 아빠들이 명심할 것은 아이들의 자신감과 자부심은 학교에서 따로 배울 수 있거나 키워지는 것이 아니라 가장 가까이에 있는 가족의 중심이자 가장 중요한 존재인 아빠로부터 배울 수 있다는 사실이다. 한마디로 아빠가 아이에게 물려줄 수 있는 최고의 유산인 셈이다. 따라서 아빠가 자신감과 자부심 없이 하루하루를 살아간다면 아이에게 줄 최고의 선물을 줄 수 없는 나쁜 아빠가 될 수밖에 없을 것이다.


회사 일로 너무도 바쁜 나날을 보내고 있는 아빠들이겠지만, 지금부터라도 자신을 믿고 의지할 수 있는 자신감과 자부심의 원천을 만들 수 있도록 노력하자. 새로운 미래를 설계하고 꿈도 그려보고, 좋은 책을 읽고 좋은 습관을 실천해보고, 또 새로운 멋진 일에 도전하고 취미도 만들어보자. 자신을 믿는 자신감, 자신에 대한 자부심은 자신을 사랑하는 것에서부터 시작됨을 가족의 중심인 아빠들부터 실천해야 한다.

# 05

# 자신감을
# 쑥쑥 키워주는 한 마디

요즘은 자녀에게 밥이나 간식을 챙겨주는 아빠들이 많아졌다. 여성의 사회 참여가 많아지면서 가사부터 시작해 육아까지 나누고 있어 이런 가정이 많아졌음을 하루가 다르게 실감하고 있다. 그런데 오히려 이런 과정을 통해서 아빠가 아이와 친해지기는커녕 관계만 더 나빠졌다는 사례도 있다. 아이들이 먹기 싫어하는 채소나 과일 때문에 아빠들의 잔소리가 더 늘어났기 때문이다. 어떤 아빠들은 '차라리 예전처럼 아이 먹는 것에 관여하지 말았어야 했는데…….'라는 후회마저 든다고 한다. 너무 가리는 것이 많아 아빠가 "너 이거 안 먹으면 키도 안 크고 힘도 없어 놀지도 못한다!"라며 협박을 해도 여간해서는 말을 듣지 않는다고 한다. 또 "이거 다 먹으면 게임 한 판 하게 해줄게."라는 아빠의 비굴한 회유에도 아이들의 반응은 썩 호의적이지 않다.


## 평범한 당근도 새로운 이름을 붙이면 달라진다

아이들이 먹기 싫어하는 채소와 과일을 아빠들이 강요하거나 야단치지 않고도 아이 스스로 즐겁고 유쾌하게 먹게 하는 방법은 없는 걸까? 자존감을 얘기하다 갑자기 채소와 과일은 왜 나오나 싶겠지만, 아이의 자신감을 키워주는 데 충분히 활용할 수 있는 방법이므로 알아두면 좋다.

미국 코넬 대학교의 브라이언 완싱크 박사 팀은 바로 이 문제에 대해 재미있는 실험을 했는데, 실험 내용은 이러하다. 4세 아이 186명에게 처음에는 그냥 '당근'이라고 하면서 당근을 주었고, 두 번째에는 'X-레이 눈빛 당근'이라고 이름 붙여서 처음 주었던 당근과 동일한 당근을 주었다. 그랬더니 아이들이 처음에 준 당근보다 두 번째로 준 당근을 50퍼센트나 더 많이 먹었다. 이 밖에 브로콜리를 '공룡 브로콜리 나무', 콩을 '파워 콩'으로 부르자 아이들은 재미있어하면서 평소에는 잘 먹지 않았던 채소를 잘 먹게 되었다. 연구팀은 채소의 이름이 바뀌자 아이들이 채소에 가졌던 느낌이 변형되면서 채소가 아닌 것으로 받아들였고, 이는 식욕으로 나타난 것이라고 설명했다. 또 완싱크 박사는 "'쿨'한 이름이 '쿨'한 음식을 만든다."며 "이름을 바꾼 순간만이 아니라 다음 식사 때도 이름의 매력은 지속돼 그 채소를 잘 먹게 된다."고 말했다.

한마디로 이름 하나 달리 붙였을 뿐인데 아이들이 싫어하던 채소를 50퍼센트나 더 잘 먹게 되었다는 것이다. 연구팀의 콜린 페인 박사는 "집에서 이 실험을 적용해보니 정말 효과가 있었다."면서 "어떤 음식이든 좋은 이미지를 앞세우면 식욕이 따라온다."고 덧붙였다.

이 연구결과는 아이들에게서만 국한된 것은 아니다. 지난 50년간 사랑을 받아온 버거킹의 '와퍼'(Whopper: 아주 크다는 의미)와 맥도날드의 '빅맥'(Big Mac)은 독특한 이름 때문에 지금까지 인기를 끌고 있다. 넉넉지 않은 서민들을 위해 값싸고 배부르게 먹을 수 있다는 의미 때문에 많은 사람들에게 매력적으로 다가온 것이다.

또한, 이탈리아 식당에서는 '해물 필레'라는 메뉴를 '촉촉한 이탈리아식 해물 필레'라는 이름으로 바꾸자 매출이 28퍼센트가 늘었고, '맛있다'는 평가도 12퍼센트나 올랐다는 연구결과도 있다.

그렇다. 아이도 그렇고 어른도 마찬가지다. 멋진 이름 하나만 넣었을 뿐인데 이렇게 놀라운 반응과 변화를 보인 것이다.

그렇다면 이런 연구결과를 아이를 키우는 아빠들도 한번 활용해보자. 아이가 맛이 없다며 먹기 싫어하는 시금치를 억지로만 먹이려 할 게 아니라, 뽀빠이 아저씨에 대한 얘기를 들려주며, "그 뽀빠이 아저씨 알지? 뽀빠이가 힘을 얻는 것은 바로 이 시금치 때문이야. 힘이 세지고 똑똑해지는 뽀빠이 시금치!" 아이가 껍질이 목에 걸린다며 토마토를 싫어한다면, "눈에서 빨간 레이저가 나오게 하는 X-레이 토마토 먹어볼까요?"라며 멋진 이름을 붙여서 아이들에게 권해보자. 그럼 아이는 언제 그것을 싫어했느냐는 듯이 맛있게 먹는 모습을 보여줄 것이다.

## 아이의 자신감에 이름 붙이기

이런 이름 붙이기 효과는 단지 먹기 싫어하는 채소와 과일에만 그 효과가 있는 것은 아니다. 아이들에게 자신감을 불어넣는 가장 효과적인 방법도 이와 유사하다.

아빠가 아이들 이름을 부를 때 그냥 '김철수' 하고 부르지 말고, 환한 미소와 따뜻한 눈길로 안아주며 미래 소망을 담은 별명을 붙여주는 것이다. 내 아이에게 '수리도사 김철수'(수학을 잘했으면 하는 아이에게), '영어박사 이수정'(영어를 잘했으면 하는 아이에게), '나눔천사 최영희'(다른 사람들을 좀 더 배려했으면 하는 아이에게)라고 불러줘 보자.

이것이 교육심리학에서 말하는 '레테르(letter) 효과'이다. 상품에 붙이는 라벨이 바로 레테르인데, 상품에 상품명을 붙이면 그렇게 불리고 또 그렇게 인식되듯이 사람도 어떻게 불리느냐에 따라서 그렇게 행동하려고 노력한다는 것이다. 이런 레테르 효과를 적극적으로 활용하려면 아빠가 아이와 함께 상의해서 자신이 바라는 미래직업을 담은 예쁜 명함도 만들어주면 더욱 효과 만점이 된다. 이런 과정을 통해서 아빠는 아이와 함께 아이의 꿈이나 생각 등의 진지한 이야기도 나눌 수 있는 계기를 마련해주며, 아빠와의 긴밀하고 깊은 관계를 맺게 도와준다.

다음의 사진과 같이 아빠가 아이의 예쁜 미래 명함을 만들어주자.

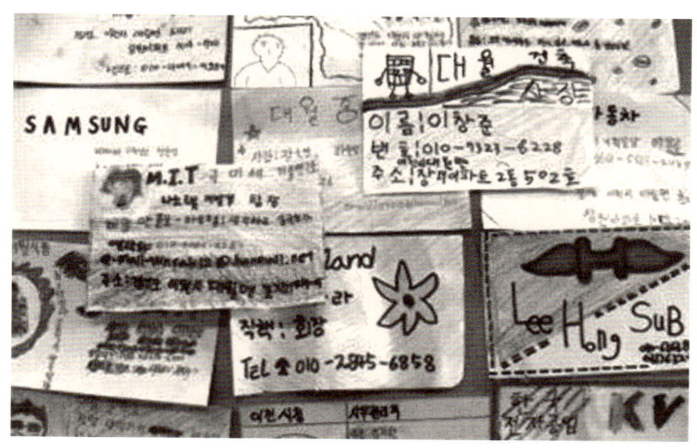

아이들의 다양한 미래직업 명함

아이들이 처음엔 쑥스러워하고 부끄러워할 수 있겠지만, 어느새 명함이나 호칭에 붙은 자신의 미래상에 자신을 맞추기 위해 노력할 것이다. 거기에 더해 자신이 하고 싶은 일이나 분야에 대해 자신감을 갖게될 것이다.


내가 중학교에 입학할 때, 나는 알파벳을 'ABCDEFG'까지밖에 알지 못했다. 그래서 영어 시간은 내게 늘 두렵고 피하고 싶은 과목이었지만, 아버지는 나에게 미래에는 영어가 가장 중요할 거라며 포기하지말라는 뜻으로 '대한민국 영어박사 구근회'라고 불러주셨다.

처음에는 그렇게 불리는 것이 못내 쑥스럽고 창피해, 아버지가 부르면 도망을 가거나 피하려고만 했다. 그래도 아버지는 내게 늘 구근회의 수식어 '영어박사'를 달아 불러주셨다. 쑥스럽고 얼굴이 벌게지는 말이었지만 들으면 들을수록 기분이 좋아졌다. 이런 까닭이었을까? 나는 자신감 없던 영어 시간에 점점 더 재미를 붙이게 되었고 영어로 얘기하고 싶어 하는 영어광이 되었다. 중학교 2학년이 되어서는 반에서 가장 영어를 좋아하는 친구로 알려졌고, 3학년이 되어서는 학교에서 가장 영어를 잘하는, 모두가 인정하는 진짜 '영어박사 구근회'가 될 수 있었다.

말 한마디, 자신을 부르는 수식어 하나로 어떻게 자신감을 키울 수 있겠느냐고 반문하는 사람이 분명 있을 것이다. 그렇지만 진심이 담긴 말과 아이를 믿는 아빠의 말 한마디는 아이가 가지고 있지 못한 자신감을 이끌어내기에 충분한 무엇을 가진 것만은 확실하다. 나의 자신감을 키워줬던 아버지의 그 한 마디가 내 인생 최고의 선물이 되었고, 결국 내 인생의 가장 큰 획을 긋는 터닝 포인트가 되었던 것처럼 이 세상 아빠들도 아이의 자신감을 쑥쑥 키워줄 수 있는 말을 꼭 하기를 바란다.

## 06
·····

# 자존감을 키워주는
# 최고의 명약

미국의 의과대학과 심리학과가 공동으로 새끼원숭이들을 대상으로 심리 실험을 했다.

갓 태어난 새끼원숭이 몇 마리를 어미와 떼어내서, 철사로 둘둘 감은 어미원숭이 모형과 천과 솜으로 만든 푹신한 어미원숭이 모형이 있는 우리에 넣었다. 철로 만든 어미원숭이는 가슴에 우유병을 달고 있어 젖을 먹을 수 있지만 푹신하게 만든 어미원숭이에는 우유병이 없었다.

그런데 실험결과 놀라운 일이 벌어졌다. 대부분의 새끼원숭이들이 푹신하게 만든 어미원숭이 모형에 붙어있다가 배가 고플 때만 고개를 내밀고 철사로 만든 어미원숭이 모형의 우유병에서 우유를 먹는 것이었다. 이는 새끼원숭이에게 먹을 것보다는 진짜 어미의 품과 같은 포근함이 더 중요하다는 것을 시사하고 있다. 밥은 한두 끼 굶어도 되지만 안아주지 않으면 절대 안 된다는 것을 보여주는 실험이었다. 철사 모형에서만 자란 대부분의 새끼원숭이는 나중에 새끼를 갖게 되어도 무자비하게 폭행하고, 새끼를 물어 죽이는 행동까지 보였다고 한다.

### 정서적 안정감은 자존감을 높인다

발달장애아도 하루 5분가량 엄마가 꼭 껴안아주면 정서적인 안정과 행동 수정에 큰 도움이 되어 치료의 효과를 크게 볼 수 있다고 한다. 몸과 몸이 접촉하는 것은 가장 기본적인 체감의 원리이다. 괴성을 지르고 온갖 난폭한 행동을 하던 아이도 엄마가 안아주고 속삭여주면 스르르 긴장이 풀리게 된다. 엄마가 두려워하면 그 불안과 공포가 전해져 아이는 더욱 자기 마음을 다스리지 못하게 된다. 반대로 엄마의 따뜻한 체온과 안정은 아이에게 그대로 전해져 아이가 스스로 마음을 다스리게 된다는 것이다.

자존감이 높은 아이로 키운다는 것은 긍정적인 사고와 실패를 두려워하지 않는 도전정신이 고취된 아이로 키운다는 것인데, 그러기 위해서는 아이의 정서적 안정이 무엇보다도 중요하다. 또한, 정서적 안정을 위해서는 엄마와 아이의 정서적 상호작용이 가장 필요한 법이다. 정서적 상호작용에 가장 좋은 방법으로 동서양을 막론하고 '껴안기 요법(Holding Therapy)'을 최고로 꼽는다.

아이에게 가장 큰 사랑을 주는 포옹은 엄마의 전유물이 아니다. 엄마와는 뱃속에서부터 껴안는 습관이 있어서 그게 자연스러운 것일지도 모른다. 그러나 아이들은 왠지 아빠하고 포옹하는 것은 어색해하는 경우가 많다. 그것은 아마도 아빠 자신이 그런 포옹을 많이 받아보지 못해서일 것이다. 그렇다 보니 자신도 아이를 껴안는 것이 어색하고 편안하지가 않다. 아이가 초등학교 고학년이 되면서부터 아빠와의 포옹이 줄기 시작하고 아이가 초등학교를 졸업할 때쯤에는 아빠와의 포옹은 어색함 그 자체가 된다. 그래서 아빠와의 관계는 더 서먹해지고 말도 잘 통하지 않게 된다. 이런 상황이 계속되면 아빠와의 소통은 평생 돌아올 수 없는 강을 건너게 된다.

이미 공감 능력을 키우는 데 가장 좋은 방법이 포옹이라는 것은 많은 심리학자들의 연구를 통해서 입증되었다.

아빠들도 매일 아이를 안아주자. 그것이 아이와의 소통과 공감을 위한 필수불가결한 길이다. 돈이나 선물보다도 아이를 키우며 가장 많이 해줘야 하는 것은 바로 포옹이다. 특히 아이와 서먹한 아빠라면 지금부터라도 포옹을 시작해보자. 조금씩 부담스럽지 않을 정도부터 시작하면 된다. 그러다 시간이 더 지나면 좀 더 자연스러워지고 편안해지는 것을 느끼게 될 것이다.

나는 지금도 시골에 사시는 팔순 부모님을 만나면 껴안고 뽀뽀를 나눈다. 이제는 세월이 흘러 건조하고 메마른 부모 품이지만 지금도 내게는 세상 그 어느 곳보다도 아늑하다. 특히, 아버지의 따뜻한 품과 사랑한다고 말하는 아버지의 나지막한 목소리는 그 무엇과도 바꿀 수 없는 나의 무한 에너지이다.

나도 눈만 마주치면 아내와 아이들을 안아준다. 가장으로서 아빠로서 가족을 위해 아침부터 저녁까지 바쁜 일과를 보내야 하는 나는 보고 싶은 가족들을 볼 수 없는 그 많은 시간을 아쉬워하며 온 가족과 포옹을 한다. 중학교에 들어가는 큰아들은 물론, 다른 두 아들도 껴안고 얼굴을 비비며 입맞춤도 한다. 사랑한다는 말은 매일 하지만 매번 우리의 포옹은 간절하고 따스하기 그지없다. 가끔은 헷갈린다. 내가 지금 사랑을 주는 것인지 받는 것인지. 매일 아침 아이와 포옹을 하면, 아이는 아빠가 자신을 사랑한다는 긍정의 에너지와 함께 하루를 출발할 수 있게 되고, 정서적으로도 안정감을 얻어 학교에서 선생님이나 친구와도 잘 지낼 수 있게 될 것이다. 포옹은 아이에게 아빠와의 상호작용과 함께 아이의 자존감을 키워주는 최고의 사랑이 된다.

그럼 이제 아빠들에게 좀 더 구체적으로 포옹의 방법에 대해 알려주고 싶다. 포옹할 때는 3초 이상으로 아이를 꼭 안아주자. 그러면서 따뜻한 목소리로 속삭여주자.

"세상에서 가장 소중하고 아름다운 아빠의 보물, ○○○아! 아빠는 ○○의 아빠라는 것이 정말 자랑스럽고 행복해. 사랑해 ○○아."

세상에서 가장 흔한 말이지만 그 순간 아이에겐 최고의 응원가가 될 것이다. 다시 말하면, 3초간의 포옹은 아이에게 있어서 자존감을 키워주는 최고의 명약인 셈이다.


## 포옹이 만들어낸 삶의 기적


아직도 포옹에 대한 확신이 서지 않는다면 실제 있었던 포옹이 만들어낸 기적에 관한 이야기를 알아보자.

오래전 해외 방송과 잡지에 해외토픽으로 많은 이들을 감동시킨 쌍둥이와 관련된 이야기다.

쌍둥이 중 한 아이는 태어나자마자 심폐기능과 여러 기능이 너무 약해 담당 의사가 치료를 포기했다. 결국 그 아이는 인큐베이터 속에서 혼자 죽음을 맞이할 수밖에 없었다. 뱃속에서 10개월 동안 함께 있었던 쌍둥이의 인연을 안타깝게 여긴 의료진이 잠시나마 두 아이가 인사할 수 있도록 아픈 아이가 있는 인큐베이터 속에 건강한 아이를 함께 두었다. 그러자, 건강한 아이가 자신의 팔을 뻗어 아파하는 아이를 포옹하는 놀라운 일이 벌어졌다. 그리고 잠시 뒤, 더 큰 놀라움과 탄성이 병실에 울려 퍼졌다. 아픈 아이의 꺼져가던 심장과 박동, 체온 모두 기적처럼 정상으로 돌아왔던 것이다. 얼마 후, 이 쌍둥이는 모두 건강을 되찾았고, 엄마, 아빠와 함께 집으로 갈 수 있었다.


사랑은 기적을 낳는다고 한다. 절박한 위기 속에서 절체절명의 절망 속에서 진정한 사랑의 표현은 위대한 기적을 낳는다. 특히 피부로 느끼는 진정한 사랑의 힘은 인간이 느낄 수 있는 가장 큰 기적의 힘이다. 즉 따뜻한 온기의 포옹은 자존감을 키워주는 것은 물론 부모의 뜨거운 사랑을 제일 빠르고 정확하게 느낄 수 있게 해주는 최고의 명약인 셈이다. 아이가 일상생활에서 실패와 좌절을 느끼며 힘든 하루하루를 보내고 있다면 아빠로서 아이에게 해줄 수 있는 이 세상 최고로 따뜻한 사랑으로 응원해주면 된다. 아빠의 따뜻한 포옹과 함께 "요즘 많이 힘들지?"라며 사랑의 말 한마디를 건네는 것부터 실천해보자.

"예수는 정치적 혁명가였다"
20년간의 연구로 복원한 인간 예수를 만나다

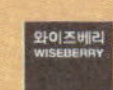

울특별시 서초구 신반포로 321 (주)미래엔 | 고객센터 1800-8890 | 팩스 02)541-8249

EBS 〈최고의 교수〉에서 8인의 최고 석학을 직접 선정한
# "교수들의 멘토" 켄 베인의 역작!

## 최고의 공부
### 창의성의 천재들에 대한 30년간의 연구보고서
켄 베인 지음 | 이영아 옮김 | 값 15,000원

### 교보문고 이달의 책 선정, 인문 베스트셀러 1위
### 국립중앙도서관 사서추천 도서

교수들을 가르치는 교수 켄 베인 박사가 100명의 창의적 리더들과 나눈 인터뷰와 30년간의 연구를 바탕으로, 성공한 학생들과 평범한 학생들의 가장 큰 차이점은 무엇인지, 창조적인 리더들의 공부 전략은 무엇인지 실천적인 해답을 제시한다.

## EBS 다큐프라임 기억력의 비밀
EBS 〈기억력의 비밀〉 제작진 지음 | 값 14,000원

### 내 안에 잠든 슈퍼 기억력을 깨워라!

훈련으로 얼마나 기억력을 높일 수 있을까?
영양, 운동, 수면 등 기억력을 높이는 생활습관은 무엇일까?
디지털 치매, 건망증, 학습 부진의 해결책은?
기억력의 비밀을 벗긴, 국내 최대 두뇌 트레이닝 프로젝트.

## 지식의 탄생
카렌 호른 지음 | 안기순, 김미란, 최다인 공역 | 안기정 감수 | 20,000원

### 노벨 경제학상 수상자 10인이 말하는 경제학의 탄생과 발전

경제학의 프레임을 바꾼 혁신적인 아이디어는 어디에서 비롯되었는가? 경제학 분야에서 탁월한 업적을 남긴 학자들의 삶과 지적 탐구의 궤적을 통해 보여주는 경제학의 역사.
2013 현대경제연구원 "CEO가 휴가 때 읽을 만한 책" 선정도서.

# 『타이거 마더』 에이미 추아 · 『살인의 해석』 제드 러벤펠드
# 예일대 파워 커플 20년 연구의 결정판!

## 트리플 패키지
### 성공의 세 가지 유전자

에이미 추아·제드 러벤펠드 지음 | 이영아 옮김 | 16,000원

### 뉴욕타임스·아마존 베스트셀러!
### 전 세계 언론의 격찬을 받은 화제작

예일대 교수 커플 에이미 추아와 제드 러벤펠드가 부모의 경제력, 교육 수준, 지능, 제도 등과 무관하게 높은 학업성취와 물질적 성공을 거두는 그룹들을 분석하여 공통점을 추출했다. 방대한 자료와 치밀한 분석으로 몇몇 집단들만 알고 있는 성공의 결정적 비밀을 밝혀냈다.

## 안티프래질

나심 탈레브 지음 | 안세민 옮김 | 28,000원

### 불확실성과 충격을 성장으로 이끄는 힘

전 세계를 충격으로 몰아넣은 "블랙 스완" 개념의 창시자, 나심 탈레브가 제시하는 정글의 시대를 성공의 기회로 만드는 획기적인 열쇠! 33개국에서 출간되었고, 뉴욕타임스 베스트셀러, 조선 위클리비즈 '2013 올해의 비즈니스북'으로 선정되었다.

## 신의 호텔

빅토리아 스위트 지음 | 김성훈 옮김 | 16,000원

### 영혼과 심장이 있는 병원, 라구나 혼다 이야기

미국 최후의 빈민구호소 라구나 혼다. 20년간 이곳을 지킨 의사가 감동의 감동적인 일화들, 자본과 산업화의 압력에서 병원을 지켜내려는 의료진의 분투를 생생하게 기록했다. 커커스리뷰, 샌프란시스코크로니클 선정 '올해 최고의 논픽션'!

“현존하는 가장 위험한 철학자” 슬라보예 지젝의 통렬한 사유

# 이 비극적 체제를 어떻게 바꿀 것인가

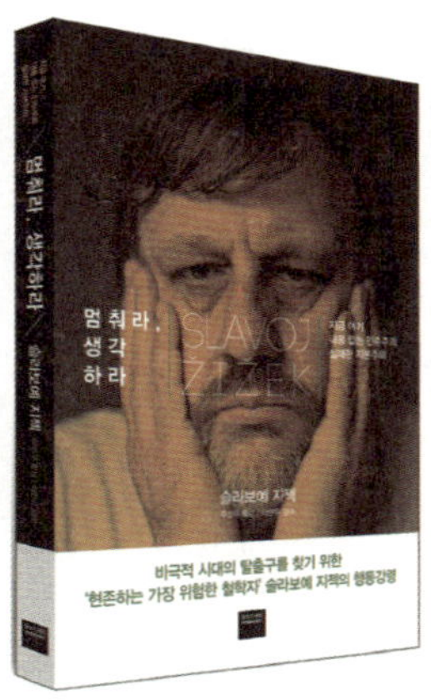

## 멈춰라 생각하라
### 지금 여기, 내용 없는 민주주의, 실패한 자본주의

슬라보예 지젝 지음 | 주성우 옮김 | 이현우 감수 | 14,000원

**교보문고 인문 분야 베스트셀러**

지구의 종말을 상상하긴 쉽지만 여전히 자본주의의 종말은 상상하기 어렵다. 금융위기 이후 시장 붕괴를 막기 위한 각국 정부의 개입은 시장의 부채를 공공 부채로 이전하며 '부자들의 사회주의'로 전락했다. '동유럽의 기적' 슬라보예 지젝이 자본주의의 기능을 강화시키지 않으면서 그에 맞서 싸울 방법을 찾는 과제를 풀어나간다.

## 법은 왜 부조리한가

레오 카츠 지음 | 이주만 옮김 | 금태섭 감수 | 15,000원

**경제학·철학·통계학·정치학으로 풀어낸 법의 모순**

왜 도덕이나 상식을 배반하는 법적 판결이 나오는 걸까?
펜실베이니아대학 로스쿨 레오 카츠 교수가 사회선택이론, 철학, 통계학, 경제학 등 다양한 영역을 넘나들며, 법제도의 맹점과 수수께끼를 치밀한 논리로 파헤친다.

## 베스트 오브 엣지 시리즈

**1권. 마음의 과학** 스티븐 핑커 외 지음 | 이한음 옮김 | 20,000원
**2권. 컬처쇼크** 재레드 다이아몬드 외 지음 | 강주헌 옮김 | 20,000원

**세계 최고 지성들의 토론과 대담으로 완성한 지식의 최전선**

스티븐 핑커, 재레드 다이아몬드 등 세상을 움직이는 석학들의 지적 탐험 프로젝트인 '엣지' 엣지에서 가장 화두가 된 인문·과학 분야 최첨단 지식 트렌드를 이 시대 최고 편집자 존 록만이 정신, 문화, 생각, 삶, 우주 편으로 나누어 엮었다.

# 돈으로 살 수 없는 것들

## 무엇이 가치를 결정하는가
### WHAT MONEY CAN'T BUY

마이클 샌델
MICHAEL J. SANDEL

YES24 선정 올해의 책
한국간행물윤리위원회 선정 청소년 권장도서
책으로 따뜻한 세상 만드는 교사들 선정 여름방학 권장도서

전 세계가 기다린 샌델식 토론의 결정판!
마이클 샌델 강연 실황 DVD 수록

한국에 '정의' 열풍을 불러일으킨 마이클 샌델이 시장의 도덕적 한계와 시장 지상주의의 맹점을 파헤친 화제의 베스트셀러.

# MBC 〈기분 좋은 날〉 SBS 〈좋은 아침〉 구근회 소장의
# 엄마들이 더 좋아하는 아빠 코칭!

## 잘되는 집은 아빠가 다르다

대한민국 30만 부모들이 열광한
구근회의 아빠 바로세우기 프로젝트

구근회 지음 | 14,000원

### 아빠가 10% 바뀌면 아이는 100% 달라진다!

공교육 전도사, 오름교육연구소 구근회 소장이 말하는 아빠 자녀교육의 모든 것! 자녀의 인성과 생활습관, 독서, 학습은 물론 시간관리와 진로 지도에 이르기까지, 아빠가 할 수 있는 구체적인 지침들과 연구소에서 다년간 축적한 노하우, 각종 실습 샘플, 체험 사례들을 풍부하게 수록했다.

## 엄마, 나는 자라고 있어요

티판 더 레이트·프란스 X. 프로에이 지음 | 유영미 옮김 | 김수연 감수 | 18,500원

### ~20개월까지, 꼬마 아인슈타인을 위한 두뇌육아법

세계 15개국, 100만 부모가 열광한 육아법 바이블. 독일 발달심리 위자들이 단계별로 나타나는 아이의 성장신호와 발달과정을 짚어주 내 아이의 머릿속과 몸속을 속속들이 이해하도록 도와준다.

## BS 다큐프라임 퍼펙트 베이비

BS 〈퍼펙트 베이비〉 제작진 지음 | 16,800원

### 벽한 아이를 위한 결정적 조건

궁 속 10개월이 평생의 건강과 정서에 결정적 영향을 끼친다. 방대 연구 성과와 실험을 통해 양육의 해법을 감정조절 능력, 공감 능력, 적 동기 형성이라는 세 가지 키워드로 집약했다.

구글과 페이스북 매출 신화 주인공 셰릴 샌드버그의
# 커리어와 리더십에 대한 통렬한 조언

## 린 인
### 여성, 일, 그리고 주도하려는 의지
셰릴 샌드버그 지음 | 안기순 옮김 | 15,000원

**아마존, 뉴욕타임스 베스트셀러 1위!
아마존 선정 '올해의 책'**

TED 강의 '여성 리더는 왜 소수인가'로 200만 청중을 열광시킨 페이스북 최고운영책임자 셰릴 샌드버그의 화제작. 정재계와 실리콘밸리에서 맹활약하며 겪은 진솔한 경험과 사회통계학적 연구를 아우르며, 여성들이 커리어를 추구할 때 겪는 난관들의 실체를 분석하고, 일과 사생활 모두에서 자신의 잠재력을 발휘하는 법을 조언한다.

## 부모의 자격
최효찬·이미미 지음 | 14,000원

### 내가 지금 제대로 키우고 있는 건가

자식 문제로 상처받은 부모를 위로하며 올바른 자녀교육의 길을 모색한다. 자녀경영연구소 최효찬 소장은 지금 대한민국을 '교육피로 사회'로 정의하며, 붙잡을수록 멀어지는 요즘 아이들을 이해하고, 욕망을 내려놓아 자녀 스스로 길을 찾도록 응원하라고 역설한다.

## 유대인의 형제 교육법
에제키엘 이매뉴얼 지음 | 김정희 옮김 | 16,800원

### 평범한 유대인 부모의 특별한 자녀교육 비결

생명윤리학계 석학 에제키엘, 백악관 비서실장 출신의 람, 할리우드 에이전트 대표 아리. 삼형제 모두를 미국을 이끄는 지도자로 키워낸 유대인 부모의 독특하고 강력한 자녀교육법과 흥미진진한 인생 스토리.

# 왜 꿈을 위해 도전할 수 없는가, 왜 싫은 일에서 벗어날 수 없는가?
## 당신을 방해하는 '무기력'을 해결하라!

### 문제는 무기력이다
박경숙 지음 | 13,500원

**2013 구글플레이어워드 올해의 책 선정!**
**감성적·과학적으로 접근한 내 마음 사용 설명서**

국내 인지과학 1호 박사인 박경숙 저자가 오랜 세월 자신을 괴롭힌 무기력의 심리와 그 해법을 철저하게 파헤친다. 무기력하게 세상에 끌려 다니는 삶에서 벗어나 인생의 주인으로 당당히 사는 자발적인 인생, 성공보다 더 중요한 마음의 자세를 알려준다.

### 나라서 참 다행이다
크리스토프 앙드레 지음 | 이세진 옮김 | 12,000원

**바닥에 떨어진 자존감을 구할 심리학 행동 법칙**

행복한 삶의 관건은 있는 그대로의 자신을 존중하는 '자존감'이다. 프랑스의 저명한 정신과 의사인 저자가 자존감 문제로 고통받는 사람들의 다양한 임상사례와 치료과정을 소개하며, 자존감 회복의 A to Z를 알려준다.

### 행복을 미루지 마라
탈 벤 샤하르 지음 | 권오열 옮김 | 15,000원

**하버드대 긍정심리학 보고서**

하버드대학교 최고 인기 강의 〈행복 Happiness〉 수업으로 유명한 탈 벤 샤하르가 인생을 변화시키는 새로운 가르침을 전한다. 매 순간이 행복으로 충만한 삶을 위한 선택의 기회임을 보여주는 101가지 이야기가 담겨 있다.

# 자존감을 키워주는
# 3·3·3 실천법

얼마 전 '오름 아버지 학교' 프로그램 강연에서 자존감에 관한 강연을 마친 뒤, 자유질문 시간에 어떤 아빠가 이런 질문을 했다. "저는 초등학생 6학년 남자아이를 키우고 있는 아빠입니다. 엄마가 하도 힘들다 하여 제가 주로 아이의 교육을 책임지고 있습니다. 오늘 이렇게 좋은 강연을 듣고 자존감이 얼마나 중요한지 알게 되었습니다. 앞으로 아이의 자존감을 키우기 위해 배운 대로 열심히 잘 실천하겠습니다. 그런데 이런 마음을 먹다가도 다시 아이를 마주하게 되면 결심이 우르르 무너져버립니다. 게으르고 말대꾸하는 아들만 보면 성질이 나고 짜증이 납니다. 이런 강연을 듣고 다시 마음을 잡아보지만, 집에 가서 아들만 보면 다시 저의 옛 모습으로 돌아가는 것 같습니다. 끝이 없는 잔소리에 인상을 쓰며 언성까지 높아지고……. 저도 그렇게 아이를 키우고 싶지 않은데요. 저 스스로 마음을 다스리며 아이의 자존감을 키워줄 수 있는 비법은 없을까요?”

## 아이의 자존감을 키우는 3·3·3 실천법

어떤 아빠가 이런 마음이 들지 않겠는가? 엄마도 아빠도 마찬가지로 자꾸만 자녀에게 혼내고 잔소리하게 되고, 또 험한 소리 하며 막대하게 되는지 모르겠다며 고민한다. 자존감을 낮게 만드는 부모의 악수가 바로 비난과 잔소리, 꾸중이다. 하지 말아야지 하면서도 그 틀을 못 벗어나니 정말 힘들기 그지없다. 진정 벗어나고 싶다면 부모도 매일 수양해야 한다.

얼마 전 중학교 2학년 아들을 둔 아빠와 엄마가 지인을 통해 상담을 요청해왔다. 요즘 사춘기인 아들이 엄마나 아빠에게 하는 말이나 행동이 너무 마음에 안 들어 매일 야단과 꾸중이 끊이지 않는다고 했다. 아들의 행동 때문에 집안은 편할 날이 없고, 웃음이 사라진 지도 오래됐으며, 심지어 아빠는 우울감에 일도 손에 잘 잡히지 않는다고 했다. 결국은 아들과의 언쟁 끝에 손찌검을 하게 되었고 아들은 급기야 3일간이나 친구 집으로 가출을 했다. 이렇게 행동하는 아들을 어떻게 해야 하는지 도무지 방법이 떠오르지 않아 그 부모는 나에게 도움을 요청했다.

사춘기 남자아이들은 시한폭탄을 안고 있다고 보면 된다. 이 시기의 아이는 급격한 호르몬 변화 때문에 정서적으로 안정감을 찾기란 쉽지 않다. 그런 아들을 둔 부모 역시 정서적인 안정을 얻기란 결코 쉬운 일이 아닐 것이다. 명심할 것은 아이가 먼저 변화하는 걸 기대하기보다는 부모가 먼저 변화를 주는 것이 절대적으로 필요하다는 것이다. 그래서 이런 관계의 악순환에서 벗어나기 위해서는 부모가 매일 기도하는 마음으로 아이의 마음을 잘 헤아리며 스스로 원칙을 세우는 것이 필요하다. 지금부터 부모에게 가장 필요한 원칙 3가지를 살펴보자. 이 3가지 원칙은 바로 대한민국 부모들의 행복한 자녀교육을 위해 반드시 실천해야 할 '자존감을 키우는 3·3·3 실천법'이다.

### 매일 실천해야 할 '자존감을 키우는 3·3·3 실천법'

3번 참고!
3번 웃고!
3번 칭찬하자!

첫째, 3번 참고! '참을 인(忍)자 셋이면 살인도 면한다.'라는 말도 있지 않은가? 참고 또 참고, 마지막으로 한 번 더 참자. 특히, 아이의 교육에 관심이 많은 아빠라면 반드시 명심해야 하는 첫 번째 덕목이다. 아이들 스스로 판단하고 반성할 수 있어야 똑같은 실수를 자꾸 반복하지 않는다. 아빠의 급한 성격 때문에 참지 못하고 바로바로 야단치면 아이는 야단을 피하고자 그 순간만 모면하려 할 것이다. 아빠가 참고 또 참으면 아이가 스스로 움직이고 변화하는 대견함을 발견할 수 있게 될 것이다. 또한, 아빠가 참고 기다려줘야만 엄마의 조급성도 줄어들 수 있다. 훌륭한 위인들은 그들 스스로 원래 훌륭하기보다는 훌륭한 부모의 인내심으로 그렇게 성장할 수 있는 기회를 잡은 것뿐이다. 부모가 참는 것이 아이의 자존감 키우기의 첫 단추이다.

둘째, 3번 웃고! '웃으면 복이 와요!'라는 말이 행복과 성공의 함수를 잘 표현한 말이라고 생각된다. '성공하면 행복한 것이 아니라, 행복해야 성공한다!' 행복감은 서로가 함께 웃을 수 있는 분위기에서 느껴지는 희망의 미소이다.

요즘 아이들은 너무도 웃을 일이 적다. 종일 학업 스트레스에 시달리고, 하늘 끝까지 다다를 부모의 욕심에 못 미쳐 괴롭고, 스스로 취미생활도 맘대로 즐길 수 없는 형편이니 그 무슨 낙으로 웃음을 지탱하겠는가? 아이가 무표정하거나 찡그린 얼굴로 아빠를 대하고 있다면 인상 펴라고 고함치기 이전에 아이를 좀 더 따뜻하게 이해하고 공감해주는 것이 필요하다.

아이가 긍정적인 마음으로 열심히 공부하길 바란다면 아빠가 나서야만 한다. 엄마의 웃음도 아이들의 웃음도 아빠의 웃음이 만드는 것이다. 웃고 또 웃기고. 웃을 일이 없는데 어떻게 긍정적인 마음과 적극적인 꿈 찾기가 가능하겠는가? 아빠의 웃음으로 엄마도 아이들도 환하게 웃는 행복한 가정을 만들자. 웃으면 복이 오고 꿈도 가까워진다. 미소를 잃지 않는 부모의 웃음은 아이에게 행복감을 줄 것이고 그 행복감이 아이의 자존감을 쑥쑥 키워줄 것이다.

마지막으로 셋째, 3번 칭찬하자! '칭찬은 고래도 춤추게 한다!'라는 책 제목처럼, 칭찬을 싫어하는 사람은 아무도 없을 것이다. 누군가에게 인정받는다는 것은 인생에서 누릴 수 있는 최고의 기쁨이자 행복이다. 잠시 꾸중하고 싶은 것은 잊어버리고 칭찬해주고 싶은 것만을 의식해서 바라보자. 그리고 따뜻하고 신뢰가 느껴지는 구체적인 칭찬을 아이에게 선물하자. 쑥스러운 듯 몸을 빼는 아이에게 칭찬은 한없는 무한 에너지이자 모든 것을 가능케 하는 마법의 주문이 된다.

다만, 아빠들의 칭찬에 대한 실수는 조금 수정할 필요는 있다. 아이들이 공감하지 못하는 과장된 아첨보다는 작지만 진지하고 구체적인 칭찬이 더욱 좋다. 미처 자신이 발견하지 못한 부분을 구체적으로 칭찬해주면 사람은 누구나 상대방에게 꽂이 되려고 노력한다. 바쁜 아빠가 구체적으로 진정성 있게 아이를 칭찬한다면 아이는 아빠의 관심과 사랑을 느끼며 좀 더 긍정적인 마음으로 꿈을 향해 전진할 것이다. 이렇게 구체적이고 진정성 있는 칭찬은 비록 작은 칭찬이라 할지라도 아이로 하여금 자신감을 갖게 하고 그것이 결국은 아이의 자존감을 키워주게 될 것이다.

내 아이에게 나는 어떤 아빠로 보이는지
아빠로서 습관을 거울에 비춰보자.
지금 내가 아이에게 긍정의 신호를 주고 있는지,
부정의 신호를 주고 있는지 다시 살펴야 할 때다.

# 아빠의 올바른 생활습관이 아이를 행복하게 한다

# 01
......

# 아빠는 아이의 미래다

　성공을 바라고, 더 좋은 환경을 부러워하고, 더 잘살기를 꿈꾸면서도 언제나 그 길과 정반대 방향의 길을 선택하는 사람들이 있다.

　여기 실패한 사람들이 다니는, 그것도 열심히 다니는 대학이 있다. 신설학과로 근래에 취업률이 가장 높은 과는 '대충 살자과', 개교 이래 인기가 변하지 않은 과는 '시간 때우기과', 장래가 촉망되는 과는 '나는 할 수 없다과' 이 대학의 전공 필수과목은 '실패학 개론'.

　실패학과의 필수 교육 과정은 다음과 같다. 하나, 내일 하면 되지. 둘, 뭐든지 나는 할 수 없어. 셋, 어떻게 되겠지! 가장 학점 배점이 많은 과목은 '허비학'이다.

이 교과서의 표지에는 이런 학습 목표가 붙어있다. '너의 시간을 마구 허비하라. 그리하면 네 광주리에 가난이 차고도 넘치리라.'

학생들로부터 인기가 가장 좋은 교수는 같은 또래의 젊은 인생패배학 교수다.

그는 학생들에게 이렇게 이른다.

"괜찮아 막살아. 목표와 계획은 너희의 가장 큰 적이야."

"성공한 사람들은 사귀지 마. 피곤한 놈들이니까."

"네가 가지고 있는 장점이 뭐든 대충대충 하는 것이 최고야!"

이 대학에서는 다음과 같은 학생은 퇴학을 당한다.

첫째, 신념을 지키고 꿈을 키우는 불순한 자!

둘째, 성공한 사람들과 친해지려 하고 배우려고 하는 자!

셋째, 실패해도 좌절하지 않는 자!

이 '실패대학교'는 오늘 이 시간에도 당신 마음속에서 맹렬히 강의 중이다. 실패를 원한다면 눈을 감고 한번 수강해보자.

＊ 이 글은 고(故) 정채봉 작가의 『멀리 가는 향기』 내용을 발췌 재구성한 것이다.


## 악순환을 거듭하는 사람들

사람들은 항상 성공을 바라지만 실패의 습관을 쉽게 버리지 못한다. 꿈도 목표도 없이 막연하게 살아가고, 혹시라도 계획을 세웠지만

제대로 실천하지 못하며, 좋은 충고를 듣고도 귀만 즐기게 하고 마음
은 맛도 못 보게 한다.

　좋은 사람들, 훌륭한 사람들은 자존심이 상해서 피하려 하고, 실패
에 대한 책임은 늘 내가 아닌 밖이나 다른 사람에게서 찾으려 하며,
마음은 현재나 미래가 아닌 과거 속에서 헤매게 한다. 늘 부정적인 언
어의 굴레 속에서 벗어나지 못하고, 좋지 못한 습관을 버리지 못하는
자신을 늘 합리화하려고만 애쓴다.

　결국, 이러한 실패의 습관 속에서 살아가면서 어른이 되고, 결혼을
하고 아이를 낳고 아이를 키우게 되는 악순환의 굴레를 만들게 되는
것이다. 그러면 나 자신은 물론 배우자도 아이도 모두 악순환의 쳇바
퀴 속에서 벗어나지 못하게 한다.

### 행복한 미래를 꿈꾸는 아빠에게

남자로서, 남편으로서, 아빠로서 변화를 통한 성공을 동경하면서도
매일 '실패대학교'에 오늘도 어김없이 출석체크를 하고 있지는 않은지
스스로 점검해볼 때다.

　진정 꿈을 이루는 성공을 경험하고 싶은가? 나도 누군가에게 도움
을 주며 의미 있는 인생을 살고 싶은가? 내 아이가 진정 성공하기를
원하는가? 아이에게는 적어도 실패라는 대물림의 고리를 끊고 싶은
가? 아빠로서 남편으로서 가족의 행복한 미래를 만들고 싶은가?

　그렇다면 미루지 마라! 강인한 신념과 실천으로 '실패대학교'에서 퇴

학을 당하면 된다.

아빠는 아이의 미래다. 아빠의 실패대학교 자퇴 없이는 아이의 성공 대학교 입학도 없다. 이제는 미루지 마라. 지금 당장 실천할 때다.

# 02

# 아빠가 10퍼센트 바뀌면
# 아이는 100퍼센트 바뀐다

한 헤드폰을 만드는 회사가 시장 조사를 하기 위한 것이라며 실험 대상이 될 학생들을 모집했다. 회사 측은 학생들에게 헤드폰 세트를 착용한 채 머리를 격렬하게 움직여도 헤드폰이 잘 작동하는지에 대한 실험이라고 알려줬다. 학생들은 헤드폰을 통해 노래를 들은 후, 대학의 수업료를 현재의 587달러 수준에서 750달러로 인상해야 한다는 주장의 라디오 논설을 들었다.

### 작은 습관이 감정을 변화시킨다

학생 중 3분의 1은 노래를 듣는 동안 머리를 좌우로 세차게 흔들도록 했고, 다른 3분의 1의 학생에게는 노래를 듣는 동안 위아래로 고개를 흔들도록 했다. 나머지 3분의 1의 학생은 통제집단으로서, 머리를 흔들지 않고 가만히 있게 했다.

실험이 끝난 후, 학생들에게는 짤막한 설문지가 주어졌다. 고개를 흔드는 것이 헤드폰에 어떤 영향을 주었는지를 묻는 설문지였다. 그리고 설문의 맨 마지막 부분에 실험설계자들이 정말로 궁금해하는 '학부생들의 수업료가 어느 정도면 알맞다고 생각하느냐?'라는 문항을 슬쩍 넣어두었다.

결과는 놀라웠다. 머리를 흔들지 않고 가만히 있었던 학생들은 논설의 영향을 받지 않고, 582달러가 적당하거나 아니면 기존의 수업료 수준과 비슷해야 한다고 답변했다. 그런데 머리를 좌우로 흔든 학생들은 기존의 수업료에 강력히 반발했다. 그들은 수업료가 467달러 수준으로 인하되기를 바랐다. 반면 머리를 위아래로 흔든 학생들에게는 라디오 논설이 대단한 설득력을 갖게 했고, 그들은 수업료를 평균인 646달러 정도로 인상하기를 원했다.

실험에 참여한 학생들은 단지 헤드폰 세트의 성능을 실험하는 것이라는 말을 듣고 머리를 흔들었을 뿐이지만, 머리를 흔든 방향에 따라 수업료 인상에 대한 판단이 달라진 것이다.


우리는 보통 감정에 따라 행동이 바뀌는 것으로 알고 있지만, 그 반대의 경우도 성립한다. 앞의 예처럼, 우리가 무의식적으로 행하고 있는 작은 습관적인 행동이 감정을 바꾸기도 하는 것이다. 이것을 심리학에서는 '가역성의 법칙(Law of Reversibility)'이라고 한다.

이것은 긍정적으로 행동하는 습관을 키우면 긍정적인 감정이 만들어지고, 부정적으로 행동하는 습관을 키우면 부정적인 감정이 생긴다는 것을 의미한다. 그래서 작은 습관 하나가 사람의 인생을 바꿀 수도 있다는 것이다. '성공하려면 성공한 사람들의 습관을 닮아라!'라는 말도 바로 이런 이유 때문이다.

## 아빠의 긍정 신호등은 아이를 긍정의 길로 안내한다

내 아이에게 나는 어떤 아빠로 보이는지 아빠로서의 습관을 거울에 비춰보자. 지금 내가 아빠로서 아이에게 긍정의 신호를 주고 있는지, 아니면 나도 모르게 부정의 신호를 주고 있는지 다시 한 번 살펴보아야 한다. 과연 지금 내 습관이 아이에게 좋은 습관을 길러주는 성공의 이정표인지, 아니면 아이에게 해를 끼치는 나쁜 습관을 길러주는 실패의 이정표인지를 말이다.

지금 나는 내 아이에게 습관적으로 무슨 말을 자주 하는지 생각해보자. "넌, 열심히 노력한다면 뭐든지 할 수 있어." "지금은 실패가 있었지만, 그것이 네가 성공으로 가기 위한 필수 과정이란다." "꿈을 이루는 것은 타고난 능력이 아니라 노력이 있기에 가능한 것이야."처럼 아이에게 긍정적인 사고를 심어주는 말을 해주는 아빠인지. 반대로 "세상에는 노력해도 안 되는 것이 있어." "사람을 판단할 때는 그 사람의 타고난 능력이 더 중요하단다." "한 번 실패하면 영원히 끝이야."처럼 아빠도 모르게 아이에게 부정적 사고를 심어주는 말을 하는 것은 아닌지 스스로 점검해볼 필요가 있는 것이다.

이렇게 아빠들이 습관적으로 하는 긍정과 부정의 신호들이 아이들 자신도 모르는 사이에 긍정과 부정적인 시각과 태도를 갖게 한다. 긍정적인 좋은 습관이라면 아무리 작은 것이라 할지라도 아이와 함께 더 힘차게 키워나가고, 부정적인 나쁜 습관이라면 아무리 작은 것이라 할지라도 당장 고쳐야 한다. 하찮은 변명으로 일관하며 자신을 자꾸만 합리화시키는 가장 좋지 않은 부정의 습관은 버려버리고, 아빠로서 아이의 인생을 망치는 나쁜 습관들은 당장 뿌리 뽑도록 해야 한다.

아빠가 10퍼센트 바뀌면 아이는 100퍼센트 바뀐다는 것을 명심하며 오늘부터 작은 것부터라도 바꿔나가는 아빠가 되도록 노력해야 할 것이다.

# 03

# 66일 습관의 법칙을
# 활용하라

"아빠 내일부터 금연한다! 두고 봐라, 이번엔 꼭 끊을 거다!"라고 호 언장담하며 새해에 금연을 약속하지만, 3일을 지키는 일이 힘들다. 아 빠라면 아니 누구나 한 번쯤은 이런 계획을 세우고 작심삼일 만에 무 너져버리는 자신을 경험해보았을 것이다.

"월요일부터 꾸준히 운동해야지. 뱃살도 빼고, 건강도 챙기고." 그 런데 운동을 시작하자고 마음먹으면 왜 그리도 날씨는 변덕스러워지 는지? 왜 하필 회식은 그때 잡히는지? 운동을 시작한 지 이틀밖에 안 되었는데 온몸이 쑤셔서 쉬어야만 할 것 같고, 정말 계획을 지키는 것 은 힘든 일임에 틀림없다.

## 습관을 바꾸는 데 필요한 66일

크건 작건 계획을 세우고 3일도 못 지키니 아빠로서 체면이 말이 아니다. 아이에게 꾸준히 공부해야 성공한다고 얘기를 하면, 아이는 당장 작심삼일 만에 막을 내린 아빠의 계획을 거론하며 아빠는 못했으면서라는 부정적인 반응을 보일 수 있다. 그럴 때마다 스스로 고민에 빠진다. '내가 원래 이렇게 의지력이 약했던가?' 하고 말이다.

대부분의 아빠나 엄마들도 마찬가지일 것이다. 어른도 아이도 모든 사람은 다 마찬가지이다. 새로운 습관을 들인다는 것은 3일을 넘기기가 쉽지 않은 일이다. 그렇다면 왜 이렇게 계획은 지키기 어려운 것일까?

그런 이유 중에 하나로 뇌의 호르몬 작용을 들 수 있다. 평소에 하지 않던 익숙하지 않은 활동을 하게 되면 우리의 뇌는 그 일을 하지 못하게 막으려는 습성이 있다. 즉 하지 않던 일을 행동에 옮기려 하거나 마음만 먹어도 강한 스트레스 호르몬이 분출되어 그 일을 부정적으로 생각하게 하거나 아예 못하게 만들어버리는 것이다. 그래서 처음 3일간이 가장 큰 문제다. 이때 스트레스 호르몬이 폭포수처럼 마구 쏟아져 내가 계획했던 것을 수포로 만들어버리기 때문이다. 이것이 우리의 계획과 목표가 작심삼일이 될 수밖에 없는 이유다.

그럼 언제 이러한 스트레스 호르몬이 멈추는 것일까? 뇌 과학자들의 이론을 빌리자면 대략 3주, 즉 21일 정도는 지속되어 익숙해져야만 새로운 활동이 몸에서 체계화되어 더 이상의 스트레스 호르몬이 분비

되지 않는다고 한다. 이것은 곧 21일이 지나야 비로소 자신의 습관으로 자리 잡을 수 있다는 것을 의미한다. 옛날부터 아이가 태어나고 세 이레(3·7일)는 지나야 다른 사람의 방문을 허한 것도 바로 아이의 면역력이 생기는 시간과 환경에 익숙해지는 데 필요한 시간을 계산한 것이라 생각하면 된다. 하지만 습관을 바꾸기에는 21일도 부족하다. 몸에는 익숙해졌지만, 완전히 자신의 무의식에 새겨져야 하는 시간이 필요하다. 그 습관을 하지 않으면 오히려 스트레스를 받게 되는 시점이 바로 '66일'이다. 나는 이것을 '66일 습관의 법칙'이라고 말한다. 그래서 좋은 습관과 나쁜 습관을 바꾸는 데는 66일의 체크리스트가 반드시 필요한 것이다. 꼼꼼하게 날짜를 체크하며 다짐한 것을 되새기며 노력하는 일이 필요하다. 오늘부터 당장 달력에 표시를 하자. 66일의 좋은 습관을 기르기 위한 카운트다운을 오늘부터 당장 시작해보자.

## 자신의 좋은 습관과 나쁜 습관 찾기

아빠에게든 아이에게든 습관을 바꾸기 위해서는 가족의 응원과 격려가 꼭 필요하다. 그중에서도 가장 중요한 것이 아빠의 역할이다. 일단 계획을 하기 전에 하루 정도는 아빠의 주도로 온 가족이 모여 가족회의를 하는 것이 좋다. 그 시간에 가족 모두가 각자 고쳤으면 하는 나쁜 습관과 나의 꿈을 위해 꼭 해야만 하는 좋은 습관을 적어보고 발표하도록 하자. 중요한 것은 가족 구성원들 스스로 인정하며 좋은 습관과 나쁜 습관을 구분하는 것이다. 아이는 인정하지 못하는 가운

데 아빠나 엄마가 억지로 나쁜 습관을 고치려 하거나 좋은 습관을 강요하게 된다면 아이는 결코 좋은 습관을 지니게 될 수도 나쁜 습관을 없앨 수도 없을 것이다. 이렇게 가족들이 서로 좋은 습관과 나쁜 습관에 대해서 토의를 한 뒤 각자 고치고 싶은 습관과 새로 만들고 싶은 습관을 정하면 된다.

지금 나의 습관

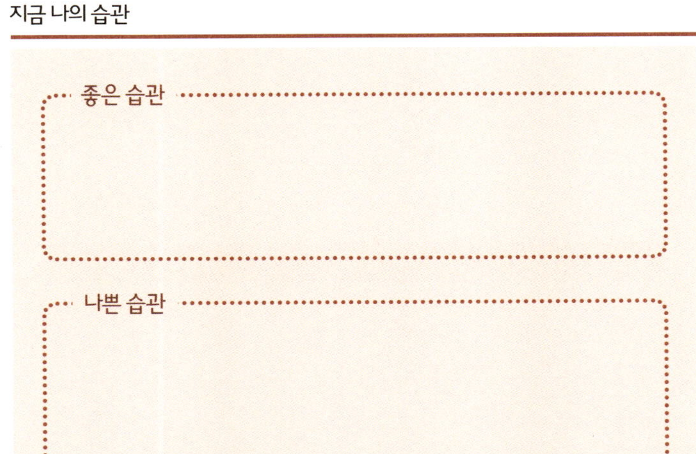


## 가족 습관 만들기

자신의 좋은 습관과 나쁜 습관을 찾아 기록했다면, 가족이 함께 '가족 습관 만들기 프로젝트'를 실천해보자. 다음의 그림처럼 가족이 함께 지켜나가면 좋을 습관들을 작성하여 거실 벽에 걸어놓고 함께

우리 가족 목표습관

1.

2.

3.

4.

이 약속을 지킬 것을 맹세합니다.
아빠 __________    엄마 __________
자녀 __________    자녀 __________    자녀 __________

| 월 | 화 | 수 | 목 | 금 | 토 | 일 |
|---|---|---|---|---|---|---|
|  |  |  |  |  |  |  |
|  |  |  |  |  |  |  |
|  |  |  |  |  |  |  |

지키도록 격려해주고 노력하면 된다. 예를 들면, 일주일에 두 번 이상 가족 식사하기, 하루 한 시간 책 읽기 등 가족이 함께 지켜나갈 수 있는 것이라면 뭐든지 좋다.

이렇게 가족 습관 만들기 프로젝트를 세웠으면, 다음으로 아빠에게 주어진 아주 중요한 역할이 하나 있다. 바로 좋은 습관을 만드는 데 최대 고비인 3일, 21일, 66일에 가족들이 습관을 잘 지켜나갈 수 있도록 보상을 만들어 가족의 목표의식을 더욱 고취시켜주는 것이다. 이렇게 하면 힘들게만 느껴졌던 가족의 습관 만들기 프로젝트의 성공 확률은 높아질 수 있을 것이다. 이런 특별한 날, 아빠가 특별 외식을 제안하거나 '패밀리 데이' 이벤트를 준비하는 것이다. 그러면 가족 습관 만들기 프로젝트의 높은 성공률만 얻는 게 아니라 가족 간의 유대감까지 얻게 될 것이다.

# 04

## 나쁜 습관을 바꾸려면
## 환경부터 바꿔라

다음은 부모 상담 시간에 단골로 등장하는 질문들이다. 부모라면 누구나 궁금해하며 공감하는 부분일 것이니 한번 살펴보자.

- 정신 집중해서 공부하겠다는 아이가 10분도 되지 않아서 장난감을 만지작거리며 딴짓 하는 것을 막을 수는 없을까요?
- 스마트폰을 보지 않겠다고 약속한 아이가 잠을 설치면서까지 스마트폰을 끼고 살아요.
- 만화책을 안 보겠다고 약속한 아이가 몰래 숨어서 만화책을 보는 이유가 뭘까요?
- TV 안 보겠다고 약속한 아이가 TV를 끼고 사는 이유는 무엇일까요?

- 아이가 인터넷 강의를 듣겠다고 해서 컴퓨터를 업그레이드해줬는데 강의 듣기는 잠시고 게임이나 채팅에 빠져있어요.
- 동생이랑 같이 공부하라고 하면, 이건 공부를 하는 건지 싸우는 건지, 장난치다 싸우다 도무지 공부를 안 하는 아이들을 어떻게 해야 하나요?

## 아이의 입장이 되어 생각해라

이런 고민에 대한 답을 구하려고 하기 전에 우선 부모로서가 아니라 아이의 처지와 바꿔 생각해보는 것이 필요하다. 정신집중이 안 되는 아이, 스마트폰을 끼고 사는 아이, 만화책만 보는 아이, TV 광인 아이, 인터넷 게임에 빠진 아이, 공부는 하지 않고 동생과 장난만 치는 아이의 입장이 되어 생각해보자. '내 아이는 대체 왜 저러는 걸까?'라고 하기 전에 아이의 입장이 되어 공부와 스마트폰, 인터넷, TV 중에서 하나를 골라야 한다면 나는 과연 어떤 선택을 할 것인지 말이다. 대부분의 어른들도 아이와 마찬가지로 당장 재미있고 친숙한 것에 이끌릴 것이다.

물론 아이들도 자신이 좋아하는 것이 나쁜 습관을 불러온다는 것을 부모 못지않게 잘 알고 있다. 다만, 이미 습관적으로 빠져있을 뿐이고, 그것이 친숙할 따름이다. 또한, 지금 스마트폰과 인터넷에 빠져있다고 미래의 자신의 인생에 큰 변화를 가져오리라는 것을 그 시기에 알기에는 어려운 일이다.

## 나쁜 선택을 부르는 환경을 제거해라

그렇다면 우리 아이들이 그러한 선택을 하지 않도록 하려면 어떻게 해야 할까? 이 질문에 대한 해답은 생각보다 아주 간단하고 쉽다. 한마디로 이야기하자면, 그런 나쁜 선택을 할 수 있는 환경부터 제거하면 된다. 자쓰리 브라더스의 습관을 고치기 위해 내가 했던 방법을 예를 들어 설명해보고자 한다.

■ 공부는 하지 않고 딴짓을 하는 것이 문제라면,

딴짓을 하지 않으며 정신을 집중할 수 있도록 장난감과 같은 방해 요소들을 아이의 방에서 모두 치워버리면 된다. 만지작거릴 것이 없어야 집중할 수 있는 환경을 갖추는 것이다.

■ 잦은 스마트폰 사용이 문제라면,

아예 스마트폰을 사주지 않던가 아니면 공부할 때는 반납하게 하는 것이 필요하다. 자쓰리 브라더스는 스마트폰을 자신의 돈으로 사야 한다고 규칙을 정했다. 얼마 전 나는 중학교에 들어간 자민이에게 스마트폰 보조금의 반을 아빠가 지원하겠다며 스마트폰을 사고 싶으면 사라고 했다. 물론 요금은 자신의 돈으로 내야 한다는 조건을 제시했다. 그래서 엄마가 자민이에게 스마트폰을 살 것인가를 묻자, 자민이는 잠깐의 망설임도 없이, 스마트폰에 그만한 돈을 투자할 만한 가치가 없을 뿐만 아니라 연락 수단은 얼마든지 있고 자신에게는 아직 필요없다며 단호히 거절했다. 아이에게 스마트폰을 사준 것은 바로 부모임을 잊지 말아야만 한다. 부모는 단지 스마트폰이 없으면 친구들 사이에서 따돌림당할지도 모른다는 아이의 말에 아이가 걱정돼서 사준 것이고 아이들은 이런 부모의 마음을 교묘히 이용하여 친구 중에 혼자만 스마트폰이 없다는 핑계로 그것을 소유하게 되는 것이다. 만약 아이에게 스마트폰을 사준 이유가 있고, 이미 사줬다면, 아이가 약속을 지키지 않았을 경우 아이의 용돈으로 요금을 내게 해보자. 용돈은 생활과 공부에 대한 평가를 통해 정하도록 하는 것이 좋은데, 칭찬 스티커 제도를 활용하는 것도 좋은 방법이다. 간혹 부모들이 초등학생 때만 칭찬 스티커가 효과가 있다고 말하는데 나는 그렇게 생각하지 않는다. 고등학생에게서 오히려 큰 효과를 거둘 수 있다. 왜냐하면, 돈이 가장 필요한 시기이기 때문이다. 다만 부모가 아무 기준 없이 공짜로 용돈을 주기 때문에 칭찬 스티커나 인센티브가 필요하지 않은 것이다.

스마트폰을 사용하는 아이들에게는 집에 오면 바로 스마트폰을 부모에게 맡기게 하는 규칙을 정하자. 만일 아이가 약속을 지키지 않는다면 단호하게 경고하고 3번을 어기면 과감히 스마트폰을 해지하도록 해야 한다. 아이의 올바른 인성과 지성을 위해서는 단호하지 못한 부모가 가장 나쁜 부모임을 명심해야 한다.


■ 엄마, 아빠 몰래 만화책을 보는 것이 문제라면,
부모의 허락 없이 만화책을 보는 경우에는 만화책을 완전히 버리겠다고 약속하고 만일 그럼에도 불구하고 반복된다면 진짜 버려야 한다.

이때 아이 스스로 버릴 수 있게 하는 것이 좋다. 스스로 반성하고 뉘우칠 강한 충격 요법이 아이에게 필요하기 때문이다. 그러면 앞으로 다른 잘못을 할 때에도 부모와의 약속을 어기게 되면 실제로 어떻게 된다는 것을 깨닫고 주의를 기울이게 될 것이다.

■ TV만 보는 것이 문제라면,

그렇게 TV가 방해가 되면 집에서 TV를 없애면 된다. TV가 없어도 사는 데는 전혀 지장이 없다는 것을 아이도 부모도 모르기 때문에 아이는 TV를 늘 끼고 있다. 부모는 열심히 보면서 아이에게는 보지 말라고 하는 것은 절대로 해서는 안 될 일이다. 이는 부모에 대한 반항심과 부정적인 마음만을 키울 뿐이다. 부모도 자기계발을 위해 과감히 TV를 보지 않고 독서를 하는 등의 대안이 있다는 것을 아이에게 보여줄 필요가 있다.

■ 아이가 컴퓨터 게임이나 채팅에 빠져있어 문제라면,

먼저 컴퓨터를 꼭 필요할 때만 쓸 수 있게 아이와 약속을 정하자. 이때 아이 스스로 약속을 지킬 수 있도록 믿어주고 응원해주는 부모의 마음이 필요하다. 그러나 그렇게 했음에도 불구하고 아이가 약속했던 횟수나 시간을 넘기며 인터넷에 빠져있다면, 과감히 컴퓨터를 없애버리자. 마약을 끊어야 하는데 마약을 근처에 놔두며 끊으라고 하는 것은 불가능한 일인 것처럼 이미 습관처럼 빠져있는 것을 곁에 두고 끊는다는 것은 정말 힘든 일이기 때문이다.

■ 동생과 함께 공부하라고 하면 장난만 일삼는 것이 문제라면,

동생과 따로 공부하게 하면 된다. 만났다 하면 싸우거나 장난치는 아이들을 굳이 함께 공부시킬 이유는 없다. 서로 방해가 되지 않도록 분리해서 공부하게 하면 된다. 다만 독서토론과 같이 파트너가 필요할 때에는 정확한 룰을 정해서 둘 사이에 잡음 없도록 이끌어주는 것이 필요하다.


이처럼 간단명료한 답을 대부분의 부모들은 왜 그렇게 회피하고 있는 걸까? 그러면서 아이들이 뜻대로 움직여주지 않으면 싸움을 걸어 부모의 권위는 저 멀리 보내버린다. 아이에게 빌다시피 사정을 하면서 부모 스스로 악순환의 고리를 만드는 꼴이다. 물론 지금까지 아이와 싸우거나 아이에게 사정하는 것이 익숙한 부모들은 내 의견에 쉽게 동의하지 못할 수도 있다. 그러면서 문제를 더 어렵게 만들거나 온갖 핑계로만 문제 해결의 의지를 보여줄 뿐 절대로 문제를 해결할 수 없는 길을 선택하곤 한다.

자녀교육의 문제 해결은 의외로 간단하다. 아이의 환경을 바꾸면 된다. 나쁜 영향을 미치는 나쁜 환경은 내버려둔 채 아이에게만 윽박지르거나 회유한다고 해서 그 문제가 해결될 수 있는 것은 아니다. 그렇게 해서 해결될 것 같았으면 애당초 아이는 문제를 일으키지도 않았을 것이다.

윽박지르거나 읍소하는 형식의 문제 해결 의지는 오히려 부모의 권위를 떨어뜨리는 것은 물론, 문제 해결에도 전혀 도움이 되지 않는다.

옳지 않은 일에 대해서는 정확히 일깨워주며 이해시키는 것이 부모의
의무이자 올바른 부모의 권위인 것이다. 옳지 않은 일에 구태여 구차
한 협상을 하려거나 설득을 하려고 하지 마라. 그것은 사태를 더욱 악
화시킬 뿐 문제 해결에는 전혀 도움이 되지 않는 방법이다.

  다시 한 번 당부하자면 문제의 해결책은 문제가 되는 것을 없애버리
는 것이 가장 최선이며 그것이 불가하다면 강력한 약속으로 차단하는
것이 차선책이다.

# 05

# 좋은 습관을 키우려면
# 룰을 정하고 함께 지켜라

앞에서 우리는 나쁜 습관을 바꾸는 데 가장 중요한 것이 환경을 바꾸는 것임을 알아봤다. 그렇다면 좋은 습관을 키우려면 어떻게 해야 할까?

## 좋은 습관을 키우는 2가지 요소

첫 번째, 가장 중요한 것은 먼저 룰(Rule 규칙)부터 정하는 것이다. 예를 들어 '하루에 30분씩 책 읽기'를 좋은 습관으로 키우고 싶다면 그에 맞는 룰을 정해야 한다는 것이다. 단순히 '매일 30분씩 꾸준히 독서를 하자'라는 다짐은 습관을 만드는 데 아무런 도움이 되지 않는다.

이것을 지키기 위해서는 '저녁 먹고 6시 30분부터 7시까지는 무조건 독서'라는 정확하고 구체적인 룰을 정해야 한다. 그래야만 그 습관은 자신의 습관으로 정착될 수 있다. 마찬가지로 '하루에 30분씩 운동을 규칙적으로 한다'라는 좋은 습관을 기르기로 했다면 '언제, 어디서, 어떻게'라는 구체적인 계획을 세워야 지켜질 수 있는 좋은 습관이 되는 것이다.

그럼 이렇게 룰만 정하면 아이들 스스로 좋은 습관을 잘 지켜나갈 수 있을까? 절대 그렇지 않다는 것은 아이를 키워본 부모라면 누구나 공감할 것이다. 룰은 정해졌지만 잘 지켜지지 않고 얼마 정도 지나면 두루뭉술하게 넘어가며 습관이 지켜지지 않는 경우를 많이 봐왔을 것이다. 그렇다면 이런 경우에는 어떻게 하는 것이 좋을까?

아이가 혼자서 좋은 습관을 기른다는 것은 정말 어려운 일이다. 어른에게도 힘든데 하물며 아이에게는 더 어려운 일임이 틀림없다. 나이가 어릴수록 동조의식(followership)이 강해서 혼자 한다는 것에 대한 거부감이 많고, 반드시 누군가와 함께하는 것에 대한 연대의식이 훨씬 더 강하게 나타나기 마련이다. 그래서 동조의식을 일으켜 누군가와 함께 좋은 습관에 도전한다는 것은 아이들에겐 최고의 동기부여가 될 수 있어, 좋은 습관을 만들어내는 것에 성공할 수도 있을 것이다.

그래서 아이들의 좋은 습관을 기르는 데 두 번째로 필요한 것이 바로 부모의 동조행동이다. 우리 집의 둘째 자우가 얼마 전 '아침에 30분 영어 듣기'라는 좋은 습관을 들이고 싶다며, 일요일 가족회의 시간에 자랑하듯 약속을 했다. 그래서 나는 아빠로서 자우에게 응원과 힘을 보태주기 위해서 이렇게 말했다.

"자우야, 내일부터 아빠하고 아침마다 30분씩 외국어 공부하자. 자우는 영어 듣기 하고 아빠는 중국어 듣기를 하는 거야. 아빠랑 누가 더 열심히 하는지 대결해보는 건 어떨까?"라며 함께 약속하고 자우의 실천을 격려해주었다. 그랬더니 의지력이 약한 편이었던 자우에게는 내가 함께하자고 했던 말이 큰 힘이 되었던 것 같다. 아마 혼자였다면 불가능했을 일이 아빠인 나와 함께 실천해나가면서 자우만의 습관으로 키울 수 있는 계기가 되었던 것 같다. 이것은 내가 자우에게 해주었던 말 속에 계획을 실천하기 위한 규칙도 들어있고 동조행동도 들어있어 가능한 것이었다. 그래서 자우는 훨씬 더 가볍고 즐거운 마음으로 좋은 습관을 키울 수 있었던 것이다.

### 나쁜 습관에도 도움이 되는 2가지 요소

이런 상황은 비단 좋은 습관만이 아니라 나쁜 습관을 고치려고 할 때에도 큰 도움이 될 수 있다. 혹시 아빠가 흡연자이고 아이는 게임에 몹시 빠져있다면 아빠가 먼저 결심을 하며 아이와 함께 약속해보자.

"현수야, 지금 한창 공부해야 할 때라는 것은 너도 잘 알지? 그걸 알면서도 게임을 못 끊는 것을 보니 한편으로는 이해가 가면서도 또 다른 한편으로는 너무도 안타깝고 마음이 아프단다. 아빠도 흡연이 나쁜 것인 줄 알면서도 이 핑계, 저 핑계로 좀처럼 끊지 못하고 있어

너도 그런 나쁜 습관을 끊지 못하는 것은 아닌지 생각되어 정말 마음이 아프단다. 그래서 말인데, 우리 함께 굳게 결심하자. 현수는 게임을 아빠는 담배를 확 끊어보면 어떨까? 어때 현수야, 함께 도전해보지 않을래?"라며 아빠가 자신의 잘못도 인정하며 아이의 마음을 헤아려주면 아이는 아빠가 나쁜 습관을 끊으려 하는 것에 분명히 감동할 것은 물론이고 자신도 고치고자 하는 강한 의지까지 되살아날 수 있을 것이다.

아빠가 좋은 습관을 키우기 위해 정확한 룰을 정하거나 아이와 함께 동조행동을 약속하며 함께 실천한다면 아이의 좋은 습관 기르기는 반드시 성공할 수 있다. 그뿐만 아니라 이러한 진솔한 대화 속에서 부모와 자녀 간의 진정성 있는 대화도 가능하게 될 것이다. 이렇게 좋은 습관도 얻고 훌륭한 커뮤니케이션 능력도 키워질 테니 아이의 미래는 달라질 수밖에 없다.

여기에서 부모와 자녀가 함께 키우면 좋은 습관 10가지를 소개한다. 이 습관을 자녀와 함께 키워보기를 바란다.

부모와 자녀가 함께 키워나가야 할 좋은 습관 10가지

1. 항상 정직하라
2. 항상 감사하라
3. 약속을 지켜라

4. 시간을 낭비하지 마라

5. 일찍 자고 일찍 일어나라

6. 긍정적으로 생각하라

7. 매일 책 읽기를 거르지 마라

8. 미소를 잃지 마라

9. 남을 돕는 것을 생활화해라

10. 이상의 것들이 잘 지켜지고 있는지 매일 점검하라

## 06

# 자기주도적인
# 생활습관이 생명이다

사람이 행복하기 위해서 가장 필요한 절대조건은 과연 무엇일까? 자기결정성 이론(self-determination theory: 로체스터 대학의 에드워드 디치, 리처드 라이언 주장)에 의하면, 사람이 행복하기 위해 가장 필요한 절대조건은 돈, 명예, 사랑, 쾌락 같은 것이 아닌 자율성이라고 한다.

### 아이 스스로 결정해야 아이가 행복하다

사람은 가장 기본적인 욕구인 자율성을 충족시켜야 진정한 행복을 느낄 수 있다고 한다. 동서고금을 막론하고 사람은 누구나 남으로부터 강요된 일을 좋아하지 않는 심리를 가지고 있다. 자율성이란 자기 스스로 목표를 세우고, 자신에게 중요한 것이 무엇인지를 스스로 선택하는 것을 의미한다.

그렇다면 대한민국의 아이들은 이 자율성을 얼마나 가지고 살아가고 있을까? 우리나라에서 중학교에 진학하는 학생들의 자율성은 초등학생 때보다 퇴보한다는 연구결과가 나왔다. 한마디로, 아이들은 자신의 과제를 스스로 선택할 기회를 거의 얻지 못하고 있다는 것을 의미한다. 따라서 행복감이 낮아지고, 성취도도 저조한 것이다. 이렇다 보니 아이들은 자연스럽게 불행이 행복보다 더 크다는 것을 어려서부터 뼈저리게 체험한다.

아빠로서 내 아이가 공부를 잘하기를 바란다면, 먼저 '내 아이가 지금 행복한가?'라는 질문을 던져보도록 하자. 또 다른 형태로, '내 아이가 자율적으로 공부하고 있는가?' 또는, '아이 스스로 목표를 정하고 그 목표를 향해서 스스로 열심히 노력하는가?'라는 질문을 해보자. 내 아이는 지금 아빠가 정해준 목표나, 엄마가 정해준 시간표 또는 선생님이 정해준 목표를 향하고 있지는 않은지 살펴야 한다. 또 아이의 부모라는 이유로 아이가 스스로 해낼 때까지 기다려주지 않고 모든 것을 관여하려는 것은 아이를 철저하게 불행하게 만드는 것임을 부모는 알아야 한다.

아빠로서 아이가 진정 행복하고 스스로 자신의 꿈을 성취하기 위해 최선을 다하길 바란다면 지금 당장 아이 스스로 결정하도록 기다려줘야만 한다. 그렇게 하면 아이는 스스로 정한 사항에 대해 책임감을 가질 것이다. 도무지 학습에 관심이 없고 시키는 것만 억지로 하는 아이는 부모들의 잘못으로 그렇게 된 것이다.

## 자기주도적 삶을 사는 아이가 되게 하라

아이가 삶을 스스로 개척하며 독립적인 존재로 성장해나갈 수 있도록 하기 위해서 아빠는 아이에게 어떤 것들을 가르쳐주면 좋을까? 아이에게 가장 먼저 알려주고 실천하도록 격려해야 하는 것은 바로 자기주도적인 생활습관이다. 부모들은 자기주도학습은 욕심을 내면서 정작 그것의 필수조건인 자기주도적인 생활습관에는 도무지 관심이 없다. 앞으로 닥쳐올 미래를 아이가 잘 적응하고 살아가는 데는 자기주도적인 생활이 가장 중요함을 아빠는 아이에게 반드시 알려주어야 한다.

그래서 나는 자쓰리 브라더스가 초등학교에 들어가면서부터 아이들이 쓰는 방은 스스로 청소하게 했다. 놀이방도 마찬가지이다. 아침에 일어나면 자신의 이부자리는 직접 정리하고, 놀고 난 후에는 장난감 정리부터 쓸고 닦는 것까지 모두 아이들이 직접 하도록 했다. 처음에는 무척이나 서툴었지만 계속 하다 보니 '아이의 성장이 이토록 빠른가?'라는 감탄마저 느끼게 되었다. 아마도 아이의 발전과 성장을 바라보면서 아빠로서의 깊은 자부심도 느끼게 될 수 있었던 것 같다.

이렇게 자기 방 정리정돈부터 시작했으면 나중에는 밥을 먹고 난 뒤에는 자기가 쓴 그릇 등을 직접 설거지통에 넣어 정리하도록 했다. 정리정돈의 습관은 자기가 하는 모든 것들에 적용하여 처음에는 자신의 것부터 시작한 것을 점차 확장해나갔다. 공놀이를 한 뒤에도 그렇

176

고 블록 놀이를 한 뒤에도 마찬가지였다. 물론 그림 그리기와 같은 경우도 예외는 없었다.

학교생활에 관한 사항들도 아이가 스스로 챙기도록 했다. 요즘 많은 엄마들이 아이의 학교 알림장이나 준비물들을 챙겨주는데 우리 집에서만큼은 절대 금기사항이다. 만일 준비물을 빠트리고 등교했다 할지라도 될 수 있으면 엄마가 갖다 주는 일은 없게 했다. 심지어는 아침에 비가 올 것 같아 우산을 가지고 가라고 했는데 아이가 잊고 가서 비를 맞게 되었다고 할지라도 우산을 갖다 주지 않았다. 이렇게 스스로 해야 하는 습관을 들이다 보니 아이가 부모에게 의존하지 않고 자신의 일은 스스로 챙기는 습관을 지니게 되었다.

스스로 자기 일을 돌보며 독립심을 키우는 것은 가정교육의 목표이자 최고 가치라고 할 수 있다. 대부분의 엄마들이 아이가 초등학생이 되었는데도 스스로 자신의 일을 할 수 있다고 생각하지 않는다. 아직 아이라서 내가 다 챙겨줘야만 한다고 생각하는 엄마들의 잘못된 교육관을 아빠들까지 동참할 것이 아니라 바꿔줘야 할 필요가 있다. 그것은 가장의 역할이기도 하지만, 또한 아빠의 의무이기도 한 것이다. 엄마는 그렇게 알림장까지 챙겨주는 것이 사랑이라고 착각할지 모르겠지만, 그것은 사랑이 아닌 나쁜 해를 끼치는 것일 뿐이다. 그래서 아빠의 역할이 필요한 것이다. 엄마가 아이를 다정다감하게 챙기며 보살펴주는 역할이라면 아빠는 아이가 스스로 독립할 수 있도록 강인함을 가르쳐줘야 한다.

이렇게 어릴 때부터 자기 것은 자기가 챙기는 습관을 들인 아이들은 크면서 자신의 모든 것을 스스로 챙길 줄 아는 자기주도적인 삶을 사는 아이로 성장할 것이다. 반대로 부모가 모든 것을 챙겨준 아이는 아이 스스로 할 줄 아는 것이 없고 부모에게 의존만 하는 사회의 부적응자로 자랄 것이다. 이렇게 부모에게 의존하는 아이들이 자기주도학습을 하지 않는다며 안타까워하는 부모들을 볼 때마다 너무도 답답하다. 자기주도적으로 생활하는 아이만이 자기주도학습을 할 수 있다는 것은 만고의 진리이자 당연한 사실임을 반드시 명심하자.

**07**
· · · · ·

# 공부의 성패는
# 자기주도학습 습관이
# 결정한다

미국의 한 대학에서 아이들의 학습 유형에 대한 실험을 했다. 이 실험은, 같은 성적 분포를 보이는 학생들을 모아서 A, B 두 그룹으로 나누어 석 달간 진행되었다. A와 B 그룹 모두 같은 학습 내용과 똑같은 교재를 사용하도록 했다. 다만, 두 그룹 사이에 선생님의 수업 방법과 학생들의 학습 방법을 달리했다. (두 그룹 모두 같은 선생님이 가르쳤으며 과목은 수학, 과학, 역사였다.)

## 아이의 지적 호기심을 자극하는 학습이 필요하다

A그룹의 수업 방법과 학습 방법은 주어진 주제에 대한 개념과 원리

를 학생들이 스스로 찾아 발표하도록 하는 **학생 주도형의 참여적 수업** 진행 방식이었다.

B그룹의 수업 방법과 학습 방법은 주어진 주제에 대한 이론 암기와 유형분류를 선생님으로부터 배우는 **교사 주도형의 주입식 수업** 진행 방식이었다.

석 달간 두 그룹 모두 진도에 맞춰 세 번의 테스트를 진행했다. 첫 번째 달(진도 범위:처음~3분의 1), 두 번째 달(진도 범위:처음~3분의 2), 그리고 마지막 달(진도 범위:처음~끝까지)에 거쳐 테스트를 했으며, 각 시험의 문제 유형은 객관식이 3분의 1문항, 단답형 주관식이 3분의 1문항, 서술형 주관식이 3분의 1문항이었다.

첫 번째 달에는 주어진 주제에 대한 난이도가 가장 낮은 수준의 문제로 테스트(교재 안의 내용 그대로 본 시험)했으며, 두 번째 달에는 난이도 중간 수준의 문제로 테스트(교재 내용 50퍼센트+쉬운 응용문제 50퍼센트)했고, 마지막 달에는 난이도가 가장 어려운 수준의 문제로 테스트(교재에 나오지 않는 수업과 관련된 내용)를 실시했다.

결과는 참으로 흥미로웠다. 첫 번째 달에는 B그룹의 성적이 A그룹의 성적보다 조금 높았다(과목별 평균 3~5점). 그러나 두 번째 달에는 B그룹의 성적이 다소 떨어진 반면에 A그룹의 성적은 많이 올라서 A그룹이 과목별 평균이 10점 정도 앞섰다. 그리고 마지막 달에는 차이가 더욱 벌어져서, A그룹의 성적이 B그룹의 성적을 과목별 평균 25점 이상을 앞섰다.

더 재미있는 현상은 객관식과 단답형 점수 차이보다는 서술형 주관식 문제에서 현저하게 성적 차이를 보였던 것이다. A그룹의 서술형 주관식 문제 성적이 B그룹 아이들의 성적보다 32퍼센트가 더 높게 나타났다. 또한, 석 달간의 실험이 끝날 무렵 해당 과목에 대한 학생들의 흥미도 평가는 더욱 큰 차이를 보이기도 했다. A그룹은 배운 내용에 대해 좀 더 깊이 연구하고 싶다는 의견이 95퍼센트를 차지했지만, B그룹은 같은 의견이 35퍼센트에 그쳤던 것이다.

결국, 이 실험을 통해 교육 전문가들은 주입식 이론 암기나 유형 분류식의 교사 주도형 학습의 폐해가 얼마나 큰지 충분히 느끼게 해주었다. 교사 주도형 학습이 짧은 시간, 단순 암기의 효율성에서는 높은 수준을 보일지는 몰라도 오랜 시간에 걸친 많은 양의 학습과 체계화에는 전혀 도움이 안 된다는 것을 알 수 있었다. 이 실험결과는 학생이 스스로 배울 내용에 대해 탐구하고 지적 호기심을 자극하는 학생 주도의 참여형 수업 방법이 훨씬 효과적이라는 확신을 검증해주었다. 이유를 묻지도 않고 무조건 외우는 데 급급한 노하우(Know-How) 학습보다는, 왜 그런 결과가 나왔는지에 대해 묻고 따지는 노와이(Know-Why) 학습이 결국 승리한다는 것을 보여주는 실험이었다.

## 아이들을 위한 아빠의 학습 코칭

아이들에게 학습 코칭을 해주고 싶은 아빠들이라면 바로 이점을 명심해야 할 것이다. 앞의 실험결과는 학교 수업에만 해당하는 것이 아니라 집에서 하는 공부에도 그대로 적용된다. 그래서 우리 아이들이 스스로 문제의식을 느끼고 탐구하며 연구하도록 아빠들이 잘 지도해야 한다. 그러기 위해서는 아이에게 여유를 주는 것이 필요한데, 주변의 환경에서는 이런 여유를 찾을 수가 없다. 학원에서 주는 공포심과 그로 인한 엄마들의 조급함, 자녀에 대한 불신이 아이들의 자기주도학습을 방해하고 있는 것이다. 그래서 아빠들이 도와줘야만 한다. 엄마가 공부 잘하는 아이를 바라볼 때 아빠는 부족하더라도 내 아이에게 초점을 맞춰야만 아이가 자기주도학습을 하며 발전할 수 있다. 공부는 선생님이 하는 것이 아니라 결국 아이가 하는 것이다. 아이가 스스로 할 수 있는 시간과 여유를 줘야 아이가 재미를 느끼며 공부할 수 있게 된다.

## 자쓰리 브라더스의 자기주도학습 입문기

자쓰리 브라더스는 지금까지 예체능 학원을 제외하고는 학원을 전혀 다니지 않았다. 바쁜 엄마, 아빠 덕분에 집에서도 부모에게 학습에 대한 도움을 받기 어려웠다. 그러다 보니 초등학교 저학년 때에는 선행학습을 한 다른 아이들에 비해 큰 두각을 나타내지 못하고 있었다. 하지만 자기주도적인 생활습관으로 생활하던 아이들은 학교 공부도 스스로 교과서 내용을 찾아 정리하며 궁금한 것을 해결해냈다. 그런 공부의 효과는 초등학교 고학년이 되면서부터 확실하게 드러나기 시작했다. 그뿐만 아니라 시험을 볼 때에도 스트레스를 받기는커녕 오히려 시험을 즐기며 자신이 학습한 것을 확인해보고 싶어 하는 시험을 즐기는 아이들이 되었다.

큰아들 자민이는 한국사가 한국 사람으로서의 가장 중요한 정체성 그 자체라면서 초등학교 졸업 전에 한국사 자격시험 3급을 반드시 따겠다는 목표를 스스로 정하더니 일절 누구의 도움 없이 스스로 책들을 정리하여 결국 합격하게 되었다. 더욱 좋은 것은 아이들이 스스로 목표를 세우고 그 목표를 이루기 위해 끊임없이 노력과 열정을 다하는 모습은 부모에게 감동 그 자체로 다가왔다. 만일 아이들이 학원에 다니며 선생님이나 엄마에게 의존했다면 이런 모습을 기대할 수 있었을까? 아마도 아이들은 '공부해라! 뭐하고 있느냐?' 하는 등의 고통스럽고 귀찮은 부모와의 공부 실랑이 속에서 관계만 더 악화되었을 것이라 확신한다.

자쓰리 브라더스의 자기주도학습 스타일을 정리해보면 대강 이렇다. 아이들은 각자가 교과서를 정리해서 자신만의 수학, 영어, 국어, 한자, 사회, 과학, 한국사 등의 노트를 만든 것이다. 물론 한 번에 만들 수 없으니 페이지를 넉넉하게 활용해 반복해서 보면서 차곡차곡 정리해 빈 페이지를 채워넣었다. 또 교과서만으로는 이해하기 힘든 부분은 아이들 스스로 도서관에서 관련 서적을 찾아서 읽고 자신의 논리로 정리했다. 이렇게 정리한 지식은 자신의 평생 밑거름이 된다. 자쓰리 브라더스는 과목은 달라도 공부 방법은 모두 같은 방식으로 기본적인 개념을 가장 먼저 정리하고 기본 문제를 첨가하고 응용문제와 심화문제를 덧붙이는 방식으로 정리를 했다.

아이들에게 미안한 것은 아빠가 공부 방법의 전문가이지만 아직도 자쓰리 브라더스에게는 공부 방법 중 극히 일부분만을 가르쳐주었다는 것이다. 그것도 대가를 받고서 어렵게 가르쳐주었다. 세상의 공짜는 모두 효과가 없다는 나의 지론이 작용한 것이다. 또한, 아이들 스스로 시행착오를 겪어가며 쌓은 노하우야말로 아이가 공부를 해나가는 데 있어 즐거움과 행복감을 줄 수 있다고 확신하고 있기 때문이다.

그렇다면 자기주도학습의 가장 중요한 원칙이자 공부에 대한 가장 중요한 핵심은 무엇일까? 세계에서 학습의 성공과 실패에 대해서 가장 오랫동안 많은 연구를 한 사람 중의 하나가 바로 미국 스탠퍼드 대학의 플라벨 교수이다. 그가 주장한 공부 성공의 비밀이 바로 '메타인지(Meta Cognition)'이다. 이 메타인지가 높으면 높을수록 공부를 잘하고 낮으면 낮을수록 공부를 못한다고 한다. 그럼 메타인지란 무엇인가? '메타(Meta)'라는 말은 '초월하다, 최고의'란 뜻이고 '인지(Cognition)'란 말은 '안다'라는 뜻이다. 플라벨 교수가 주장한 '최상의 앎'이 바로 메타인지라는 것이다. 그런데 이 메타인지를 한마디로 말하면 '안 보고 설명할 수 있을 때 진짜 알고 있는 것이다.' 라고 다시 정의할 수 있다.

안 보고 설명할 수 있을 때, 결국 아이가 스스로 안 보고 설명할 수 있을 때가 진짜 아는 것이다. 그래야만 응용문제도 심화문제도 풀 수가 있는 것이다. 아무리 훌륭한 선생님께 배운다 할지라도 아이가 스스로 안 보고 설명할 수 없다면 그것은 제대로 아는 것이 아니다. 이

것이 바로 아빠들이 아이들에게 가르쳐줘야 하는 자기주도학습의 원칙이다. 즉 아빠들이 아이들에게 해줘야 할 학습 코칭은 바로, 안 보고 설명할 수 있을 때까지 스스로 공부해야 성공할 수 있다는 것을 아이들에게 일깨워주는 것이라고 하겠다.

아이들은 가족의 중심이자 가장인 아빠를 통해
사회에서 가장 중요한 목표나 계획 등의 시간관리를 배우게 된다.
아빠가 어떻게 하느냐에 따라 아이도 아빠를 닮는다.
아빠로서 나는 아이에게 어떤 모습일지 생각해봐야 할 때이다.

# chapter 05

# 아빠의 시간관리가
# 아이의 시간관리다

# 01

# 매일 입금되는 86,400원

사람들은 누구나 같은 인생 통장을 가지고 있다. 그 인생 통장에는 매일 0시를 기준으로 86,400원이 입금된다. 그러나 24시간이 지난 다음 날 0시가 되면 그 인생 통장의 잔액은 모두 사라져버린다. 어떤 이들은 86,400원을 찾아서 자신의 꿈 통장에 모아둔다. 매일 꼬박꼬박 86,400원씩 찾아 모아둔 사람들의 꿈 통장에는 돈이 차곡차곡 쌓인다. 1년이면 31,536,000원, 10년이면 315,360,000원. 꿈 통장은 이자도 두둑해서 원금이 쌓이는 만큼 이자도 많이 쌓여 시간이 지날수록 점점 더 큰 부자가 되어간다.

어떤 사람들은 '내일 또 입금될 텐데 뭐…….' 하며 매일 없어지는 잔액에도 불구하고 전혀 아깝지 않게 생각하며 매일 꼬박꼬박 꿈 통장의 돈을 써버린다. 물론 그들의 꿈 통장은 텅텅 비어있다.

## 매일 86,400원이 입금되는 꿈 통장

이 이야기는 '시간'에 관한 이야기이다. 하루는 24시간이고, 이것을 다시 분으로 계산하면 1,440분, 이것을 초로 계산하면 86,400초가 된다. '시간'이란 우리에게 마치 앞에서 말한 인생 통장과도 같은 것이다. 매일 우리는 86,400초를 부여받지만, 알차게 사용하지 못하고 흘려보낸 나머지 시간은 모두 없어져버리고 마는 것이다. 잔액은 절대로 남지 않는다. 더 많이 입금되지도 않는다. 사용하지 못하고 그냥 지나치면 손해는 오롯이 자신에게 되돌아온다. 다시 돌이킬 수도 없고, 내일로 미룰 수도 없다.

내 꿈이 소중하다면, 내 인생이 그토록 소중하다면, 내 인생의 유일한 현금인 시간을 더 소중히 여겨야만 한다. 매일 주어지는 86,400원을 열심히 인출하여 나의 미래를 위한 꿈 통장에 차곡차곡 쌓아야 한다. 그리고 그 쌓여가는 꿈 통장의 원금과 이자를 매일 확인하며 하루하루를 살아가야만 우리는 소중한 꿈을 이룰 수가 있다.

## 아빠의 시간은 곧 아이의 시간이 된다

어른도 아이도 모두 인생의 꿈을 이루기 위해 가장 중요하게 여겨야 할 것은 시간이다. 누구에게나 똑같이 주어지는 하루 24시간이지만 그 24시간을 활용하는 방법은 사람마다 다르다. 어떻게 활용하느냐가 인생에 있어 행복과 불행을 가르는 가장 중요한 선택이 된다. 이토록 중요한 선택 앞에서 아빠인 나는 지금 어떤 선택을 하고 있는지 생각해보자. 매일 꼼꼼히 시간을 관리하며 24시간을 활용하고 있는지, 아니면 목표도 계획도 반성도 없이 하루하루를 의미 없이 살고 있는 것은 아닌지 말이다.

아빠가 어떻게 사는지 아이들은 그대로 보고 배울 뿐이다. 아빠를 보며 시간을 아끼며 목표와 계획을 세워 꼼꼼하게 지켜나갈 수도 있고, 반대로 아무 목표나 계획, 반성 없이 하루하루를 낭비하며 살아갈 수도 있다.

아이는 아빠, 엄마가 놓은 두 개의 레일 위를 달리는 기차와 같다. 아이도 때로는 자신이 가고자 하는 방향이 아니라고 생각되면 벗어나고 싶을 수도 있다. 또 자기와는 다른 좋은 곳을 향해 멋지게 달리고 있는 다른 기차를 부러워하기도 한다. 그러나 아이는 벗어나고 싶어도 혼자서는 그 레일을 결코 벗어날 수 없는 기차일 뿐이다.

이제 그 레일을 어떻게 놓을지 아빠로서 다시 한 번 생각하고 레일의 방향을 수정할 때다. 어느 정도 시간이 지나고 나면 그 레일을 고쳐놓고 싶어도 고칠 수가 없는 때가 온다. 그때가 오기 전 바로 지금 아빠 스스로 레일의 방향을 점검할 때다.

## 02
· · · · ·

# 아빠는 아이의 시계다

아버지 학교에서 자녀의 습관에 대한 상담을 진행하면 늘 빠지지 않고 등장하는 아이들이 있다. 바로 목표나 계획이 없는 아이, 목표나 계획은 있지만 지키지 않는 아이, 낭비되는 자투리 시간이 많은 아이, 늘 바쁘다며 허둥대기는 하는데 도무지 공부의 진도가 나가지 않는 아이, 의지력이 약해 목표를 이룰 때까지 끝까지 실천하지 못하는 아이 등 자신의 시간관리를 제대로 못하는 아이들이다.

이런 아이는 바로 부모의 원성과 한숨을 야기하기에, 아이와 부모는 매일 싸우게 되고 지쳐가기 마련이다. 도대체 왜 이렇게 귀중한 시간을 낭비하는 나쁜 습관을 지니게 된 것일까? 아빠라면 누구나 내 아이의 시간관리에 대해 따져보고 개입하고 싶어 하기 마련이다. 그런데 아이의 시간관리에 개입하기에 앞서 먼저 아빠로서 나는 시간관리를 어떻게 하고 있는지 체크해볼 필요가 있다. 다음의 질문지에 아빠 먼저 답해보고 난 뒤 아이에게 답하게 하자.

**아빠가 꼭 해봐야 할 시간관리 체크리스트**

다음 표의 항목들을 읽고 객관적으로 나에게 해당하는 사항에 체크해보자.

| 질문 | 예 | 아니오 |
| --- | --- | --- |
| 1. 시간과 내용이 정해진 구체적인 꿈을 가지고 있다. | | |
| 2. 꿈을 이루기 위한 구체적인 목표와 계획을 세우고 있다. | | |
| 3. 목표와 계획을 글이나 표로 적고 꼼꼼히 체크하고 있다. | | |
| 4. 매일 계획을 체크하는 시간을 따로 두고 있다. | | |
| 5. 매일 할 일을 우선순위를 따져서 정하고 있다. | | |
| 6. 연간, 월간, 주간, 일간 스케줄 표에 계획을 작성하고 있다. | | |
| 7. 계획한 일에 대한 실천결과를 반드시 체크한다. | | |
| 8. 계획한 활동을 할 때 한 번에 한 가지씩 집중해서 마친다. | | |
| 9. 미리 계획한 일은 잘 지키며 거의 미루지 않는다. | | |
| 10. 여가활동과 휴식활동도 계획하여 실행한다. | | |
| 11. 어떤 일을 할 때는 다른 일을 생각하거나 딴짓을 하지 않는다. | | |
| 12. 일을 시작할 때 미리 끝날 시점을 정하고 일을 시작한다. | | |
| 13. 하루 중 시간을 낭비하는 자투리 시간이 별로 없다. | | |
| 14. 규칙적인 시간을 정해서 휴식시간을 가진다. | | |
| 15. 꾸준한 운동이나 자기계발과 같은 시간을 규칙적으로 실천한다. | | |

앞의 항목 중에서 '예'로 답한 것이 13~15개라면, 현재 시간관리를 훌륭하게 하고 있는 아빠이다. 삶에 대한 목표의식이 뛰어나 자아성취는 물론 긍정성도 강해 주위 사람들에게 모범이 되는 훌륭한 아빠이다. 즉 시간관리에 대한 개념과 실천이 훌륭한 수준이며 아이들도 자라면서 봐온 아빠의 체계적인 시간관리 능력을 배우게 될 것이다.

'예'로 답한 것이 10~12개라면, 시간관리에 대해 평소 관심을 가지고 있고 나름의 방법을 통해 시간관리를 신경 쓰고 있는 아빠라고 얘기할 수 있다. 다만, 꿈도 있고 목표와 계획도 세우지만 완벽하게 이루지 못하여 스스로 스트레스를 받고 있는 경우일 수 있다. 좀 더 정확한 시간관리 방법을 습득하게 된다면 훌륭한 시간관리자이자 훌륭한 아빠로 거듭날 수 있을 것이다. 아이들의 경우에도 시간관리의 개념은 잡혀있겠지만, 아빠와 함께 좀 더 꼼꼼한 시간관리 방법을 배울 필요가 있다.

'예'로 답한 것이 7~9개라면, 꿈이나 목표는 가지고 있지만 구체적인 계획이 부족하여 늘 이상과 현실 사이의 차이를 느끼고 있는 아빠다. 적극적인 반성과 자아발전을 위한 구체적인 시간관리가 절실한 아빠의 모습이다. 이런 아빠는 시간관리에 대해 피상적으로 알고 있을 뿐, 구체적인 실천 방법을 몰라서 늘 이상적으로만 시간관리를 생각하고 있으며 노력에 비해 성과가 적어 늘 후회한다. 아이들도 그런 아빠의 모습을 보며 시간관리를 해야 한다고 생각은 하지만 몸과 마음이 뜻대로 움직이지 못해 점점 더 꿈과 목표가 축소되어 갈 것이다.

'예'로 답한 것이 0~6개라면 꿈도 목표도 구체적인 것은 없지만 막연하게 잘되었으면 하는 마음뿐인 아빠다. 시간관리는 물론 자기관리도 잘 안 되고 있어 인생에 대한 적극적이고 긍정적인 자세를 가지기 힘들다. 이런 아빠는 어려운 일을 겪을 때마다 방법을 찾기보다는 회피하거나 핑계를 대기 쉬우며, 자신의 꼼꼼하지 못한 계획으로 인한 실패마저 운과 시류를 탓하는 경향이 많다. 하루빨리 구체적인 시간관리 방법을 배워 하나씩 욕심내지 않고 실천해나가는 노력과 열정이 필요하다. 덩달아 아이들도 자신이 해야 할 일을 미루며 핑계를 대는 습관에 빠지기 쉽다. 늘 핑계와 변명으로 자신의 인생을 살아가기 쉬운 안타까운 경우이다. 아빠는 아이와 함께 작은 목표부터 세우고 실천해나갈 수 있도록 격려해주어야 한다.

이와 같은 시간관리 체크리스트를 살펴보았으면 다시 한 번 앞에서 살펴본 인생 통장과 꿈 통장을 생각해보자(188쪽). 나는 어떤 아빠인가? 열심히 꿈 통장에 원금과 이자를 차곡차곡 쌓아가는 아빠인가? 아니면 텅텅 비어있는 꿈 통장을 생각하지도 못하면서 내 아이의 비어있는 꿈 통장을 탓하는 아빠인가?

## 아이의 꿈을 위해 아빠의 시간관리가 필요하다

아이들 스스로 꿈을 이루기 위해 가장 중요한 것이 시간관리라는 것은 누구도 부인하지 못할 것이다. 그런데 그토록 중요한 시간관리 능력은 어디에서 생기는 것일까? 그것은 하루 아침에 만들어지는 게 아니다. 바로 가족의 중심이자 가장인 아빠에게서 배우는 것이다. 아이들은 아빠를 통해서 사회를 배운다. 그래서 아빠의 시간관리가 곧 아이의 시간관리가 되는 것이다. 한마디로 아빠가 시간관리를 잘하고 있는지 없는지가 아이가 시간관리를 잘할지 못할지를 결정해주는 가장 중요한 기준이 된다.

지금 당장 결심할 때다. 늦었다고 생각할 때가 가장 빠를 때라고 하지 않던가? 지금 이 순간부터 아이들의 아빠로서 시간관리를 잘할 수 있는 구체적인 방법과 실천요령을 열심히 배우고 익혀서 아이들과 함께 실천해보자. 아빠가 시작하면 가족들까지 덩달아 얼마든지 더 훌륭한 미래를 만들 수 있을 것이다. 시간관리는 하루아침에 이루어지지 않는 끝없이 펼쳐진 계단이다. 지금 당장에는 별 차이 없는 계단들이지만 오르고 또 오르면 어느새 자신의 꿈에 가까이 다가가 있는 스스로를 발견하게 하는 위대한 계단이 바로 시간관리이다. 그 힘든 계단을 힘들이지 않고 즐겁게 올라가는 모습을 아빠인 내가 먼저 아이에게 보여줘야만 한다. 아이들이 그 계단에 오르는 것을 힘들어하거나 지쳐할 때 아빠는 요령을 가르쳐주고 격려를 보내줘야만 한다. 그래야 아이는 스스로 그 계단을 올라 자신의 꿈에 이를 수 있을 것이다.

## 03
·····

# 아이 스스로
# 순서를 정하게 하라

그림과 같은 그릇 안에 **큰 돌**과 **자갈**, **모래**를 모두 넣으려면 어떤 순서로 넣어야 할까?

정답은 바로 '큰 돌 → 자갈 → 모래의 순서로 넣어야 한다'이다. 큰 것부터 넣고, 중간 크기의 것을 넣은 다음에 가장 작은 크기의 것을 넣어야 모두 다 그릇 안에 담길 수 있다. 만일 모래 - 자갈 - 큰 돌의 순서로 넣으려고 한다면 모래 사이로 자갈과 큰 돌을 끼워넣어야 하는데 그렇게 하기란 정말 어려운 일이다.

## 시간관리에도 순서가 필요하다

꿈, 목표, 계획 세우기도 앞의 그림의 내용처럼 마찬가지이다. 꿈을 세우고 그 꿈을 이루기 위한 목표를 세우고, 그 목표를 이루기 위한 계획을 세워야 한다. 그래야만 계획을 이룰 수 있고, 목표도 꿈도 이룰 수 있게 된다는 것을 반드시 명심해야 한다. 꿈을 정했으면 그 꿈을 이룰 수 있는 장기 목표를 세우고, 그 장기 목표를 이루기 위한 올해의 연간 목표, 월간 목표, 주간 목표, 일간 목표 등의 순서로, 큰 계획부터 세운 뒤 그것에 맞게 중간 계획과 작은 계획을 정해야 한다. 그래야만 이루어질 수 있는 꿈과 목표, 계획이 되는 것이다.

아이들과 함께 다음의 큰 목표, 작은 목표를 차례대로 작성해보자.

**큰 목표 정하기**

이름: ____________

| 단계별 목표 | | |
|---|---|---|
| 1단계 목표 | 년 | 월 |
| 2단계 목표 | 년 | 월 |
| 3단계 목표 | 년 | 월 |
| 4단계 목표 | 년 | 월 |
| 5단계 목표 | 년 | 월 |

목표1(성적) :

목표2(인증) :

목표3(경쟁) : 나는 (　　　　　)를(을) 반드시 이긴다

| 시험 | 1학기 | | 2학기 | | 학년말 |
| --- | --- | --- | --- | --- | --- |
| | 중간 | 기말 | 중간 | 기말 | |
| 평균점수 | | | | | |
| 전교등수 | / | / | / | / | / |
| 경쟁상대 | | | | | |

## 시간관리에 성공할 수 있는 3가지 비법

아빠인 나의 도움 없이 자쓰리 브라더스에게 목표나 계획을 세우도록 해보니 아이들에게서 똑같이 나타나는 재미있는 특징들이 있다. 첫째는 큰 목표를 이루기 위해 작은 목표들을 세우는 것이 아니라 거의 관계없는 제각각의 목표를 세운다는 것이다. 즉 큰 목표 따로 작은 목표 따로이다. 그러다 보니 열심히 노력은 하는데 목표를 이루기는 힘들다. 둘째는 욕심이 과한 목표를 설정한다. 처음에는 의욕이 넘치지만, 얼마 못 가서 의욕을 잃게 되는 원인이 된다. 셋째는 아이들 스스로 목표를 설정할 때 추상적인 목표를 세운다. '책을 많이 읽는다'라는 목표와 같이 구체적인 수치가 없어서 목표 달성을 이루었는지 아닌지

구분이 잘 되지 않는다. 자쓰리 브라더스뿐만 아니라 시간관리를 많이 해보지 않은 다른 아이들도 겪는 오류라고 할 수 있다. 그래서 아빠의 시간관리 코칭이 필요한 것이다. 아빠가 아이에게 시간관리에 대한 바람직한 코칭을 해주면 아이는 훌륭한 목표를 세우고 실천하는 데 많은 도움이 될 것이다. 다음의 시간관리에 성공할 수 있는 3가지 비법을 아빠가 아이에게 가르쳐준다면 아이는 좀 더 명확한 목표를 세울 수 있을 것이며, 그 목표 또한 실행 가능한 훌륭한 목표가 될 수 있을 것이다.

아빠가 아이에게 첫 번째로 가르쳐줘야 할 시간관리 비법은 바로 **일관성**이다. 즉 꿈이라는 가장 큰 목표에 도달하기 위해서는 먼저 작은 목표를 짜야 하는데, 꿈 따로 목표 따로 계획 따로인 계획표는 이미 방향이 잘못 정해진 목표이므로 결국 실패하게 된다. 작은 목표들이 하나하나 이루어지면서 점점 더 큰 목표에 가까워지는 느낌이 있어야만 끝까지 지치지 않고 큰 목표를 향해 작은 목표를 이루어나갈 수 있다. 아빠가 아이의 큰 목표와 작은 목표를 살펴보고 다시 한 번 목표의 일관성을 점검해줘야 한다.

아빠가 아이에게 두 번째로 가르쳐줘야 할 시간관리 비법은 **적합성**이다. 즉 너무 무리한 목표를 세우지 않도록 해야 한다. 자신의 현재 위치에서 조금씩 상향하는 목표를 정하는 것이 좋은데, 예를 들면 시험 때마다 10퍼센트 상향 정도의 목표만 설정하는 것이 적절하다. 너무 높은 목표를 정하게 되면 조금 하다가 불가능하다 싶으면 아예 포기해버리기 쉽기 때문이다. 매번 시험에서 10퍼센트만 올려도 금방 100퍼센트를 달성할 수 있는 것이 시간관리의 묘미이자 중요한 원칙임을 알아야 한다. 수많은 계단을 올라야 하는데 그 계단이 너무 높으면, 처음부터 힘들다며 아예 포기하게 되는 것은 아이나 어른이나 똑같은 이치이다. 그러니 처음부터 차근차근 욕심내지 않고 올라가는 것이 중요하다.

아빠가 아이에게 세 번째로 가르쳐줘야 할 시간관리 비법은 **측정 가능성**이다. 즉 목표를 수치화하도록 하는 것이다. 목표를 세울 때 숫자로 표현되지 않고 추상적이거나 두루뭉술한 표현으로 목표를 세워서는 안 된다. 예를 들면, '열심히 책 많이 읽기'와 같은 목표는 너무 추상적이고 모호한 목표이다. 도대체 몇 권을 읽어야 많이 읽은 것인지 도무지 가늠할 수가 없기 때문이다. '일주일에 1권 이상 읽기' 등과 같이 숫자로 표현된 목표를 세우도록 코칭해야 한다. 그래야 스스로 목표를 이루었는지를 정확히 체크하며 확인할 수 있게 된다.

이처럼 아빠의 3가지 시간관리 비법에 대한 가르침을 받으며 아이가 큰 목표와 작은 목표를 세웠다면 이미 절반의 성공이라고 말할 수 있다. 그 목표는 이미 아이에게 힘 있는 동기부여가 될 것이며 꿈을 향해 질주하는 무한 에너지가 될 것이다.

**04**
......

# 구체적으로
# 관리하게 하라

아빠의 3가지 시간관리 코칭으로 아이가 올바른 목표 세우기를 끝냈다면 다음으로 해야 하는 것이 그 목표를 이루기 위한 계획을 세우는 일이다. 이때 아빠는 아이와 계획을 세우면서 아이에게 반드시 강조해야 하는 것이 있으니, 바로 계획을 구체적으로 만들어야 한다는 것이다. 계획을 구체적으로 만들면 아이는 자신의 계획에 더욱 다가갈 수 있을 것이다.

### 계획은 구체적일수록 좋다

아이들의 꿈은 일반적으로 추상적인 경우가 많다. 한 예로 얼마 전

'○○중학교 자기주도학습 캠프'에서 만난 중학교 1학년 진영이도 마찬가지였다. 진영이는 '나는 훌륭한 의사가 되겠다'는 꿈을 가지고 있었다. 이 꿈을 처음으로 가졌을 때가 초등학교 6학년이었는데, 자신의 꿈을 생각하면 가슴이 떨렸다고 했다. 그런데 어느 날부터인지 서서히 자신의 꿈에 아무 느낌이나 자극도 없고, 잊힌 공상이 되었다며 낙담하고 있었다. 많은 부모들도 이와 같은 이야기를 한다. 꿈이라는 것은 몽상에 지나지 않는 것 같다고 말이다. 또, 열심히 꿈만 꾸지 도무지 아이들이 그것을 이루기 위한 노력도 열정도 보이지 않는다고 말한다. 도대체 왜 그토록 가슴 떨리고 소중하다고 여겼던 꿈이 손에 잡히지 않는 신기루처럼 사라져버린 것일까?

그것은 꿈을 꾸기만 했지 이루고자 하는 노력이 없었기 때문이다. 즉 미국에 가야지 하면서 언제 어떻게 갈 것인지를 정하지 않고 미국에 가겠다고만 고집하는 사람과 같다고 할 수 있다.

아이가 꿈을 정할 때에도 아빠의 코칭이 필요하다. 아이의 꿈이 이루어지는 구체적인 시간(연도)과 방법을 구체적으로 정하기 위해서는 아이 스스로 하는 것에는 한계가 있어 반드시 아빠의 코칭이 필요한 것이다.

그렇게 구체적으로 꿈이 그려지면 아이는 그 꿈이 이루어지도록 노력과 열정을 다할 것이다. 거기에 꿈이 이루어지는 시간을 표시하면 그것이 바로 눈에 보이는 꿈, 비전(Vision)이 되는 것이다. 또한, 그 시간 안에 꿈을 이루기 위해서는 올바른 방법을 찾아야 한다. 마찬가지로 아이가 목표를 정할 때에도 구체적인 시간과 방법을 명확하게 정하도

록 시간관리 코칭을 하고, 계획도 목표가 이루어지도록 구체적인 시
간과 방법 그리고 계획량을 정확하게 표시하도록 코칭 해야 한다. 이
렇게 구체적인 시간과 양 그리고 방법을 정하는 것은 자신에게 좀 더
정확한 목표의식과 그 목표가 이루어졌을 때를 상상할 수 있는 강한
힘을 부여하게 된다. 아울러 정해진 시간을 맞추기 위한 노력 속에서
시간관리의 효율성을 좀 더 높일 수도 있다. 그래서 계획을 세울 때는
반드시 먼저 시간을 정하고, 그다음으로 구체적인 방법과 계획량을
꼭 표시하도록 아이에게 가르쳐야 한다.

## 아빠와 아이가 함께 만드는 월간 플래너 작성 요령

아빠와 아이가 함께 꼭 해봐야 하는 시간관리가 바로 월간 플래너
작성이다. 따로 플래너를 구입할 필요 없이 집에 있는 달력을 이용하
면 아주 좋은 월간 플래너를 만들 수 있다. 아이가 함께 월간 플래너
에 월간 공부계획을 작성하고자 한다면 다음 페이지의 그림과 같은
순서와 방법으로 코칭하면 된다.

이렇게 아이와 함께 월간 플래너를 작성했다면, 그 계획이 잘 지켜
질 수 있도록 아빠의 코칭이 뒷받침되어야 한다. 일주일에 한 번은 아
이와 함께 계획표를 점검하며 잘 지켜진 것들에 대해서는 칭찬을 아
끼지 말고, 잘 지켜지지 않은 것은 아이와 함께 원인과 대안을 찾도록
하자. 아빠의 격려와 응원이 가미된다면 아이는 힘들거나 지치지 않고

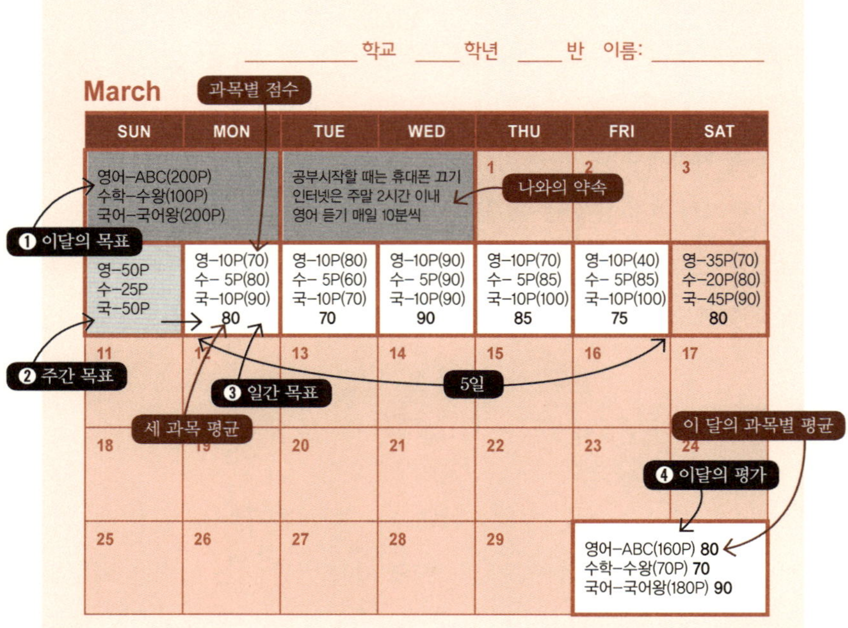


## 월간 플래너 작성 요령

❶ 달력의 비어있는 곳에 이달의 목표를 구체적으로 작성한다. 이때 과목별로 공부할 교재를 정하고 이달의 목표량도 정한다.

❷ 월간 목표를 기준으로 (월간 목표×1/4)하여 일요일 칸에 주간 목표를 정해 기재한다.

❸ 주간 목표를 기준으로 (주간 목표×1/5)하여 요일별로 일간 목표를 정해 기재한다. 일주일 치를 미리 다 기재하는 것이 아니라 하루씩 작성하고 전날 다시 목표를 수정한다.

❹ 이달의 플래너를 모두 완성했으면 오른쪽 밑에 이달의 평가를 한다.

계획표대로 잘 지켜나갈 수 있을 것이다. 그렇게 아빠가 아이와 함께 계획을 세우고 그것을 꾸준히 지켜나가면 아이는 시간이 지날수록 더욱 훌륭한 시간관리자로 변화할 것이다.

# 05

# 매일 실천하게 해야 할
# PDS 시스템

일 년은 열두 달의 합이고, 한 달은 하루하루의 합이다. 이렇게 하루하루가 쌓여 삶을 완성해나가듯 하루하루의 시간관리가 인생의 성패를 갈라놓는 데 중요한 역할을 한다. 따라서 매일의 시간관리가 가장 중요한 출발점이라고 할 수 있다. 가장 효율적인 시간관리를 위해서는 매일 지켜야 할 시간관리의 비법이 절실히 필요하다.

### 일간 플래너로 시간관리 하기

아빠가 아이와 함께 시간관리를 성공적으로 해낼 수 있는 비법은 무엇일까? 그것은 바로 일간 플래너를 활용하는 것이다. 자기 전에 다음 날 할 일을 정해놓고, 아침부터 하나씩 체크해나가며 자신의 생활을 점검하게 한다면 시간의 효율성을 극대화할 수 있는 가장 효과적인 방법이 바로 일간 플래너 작성이다. 다만, 시중의 많은 일간 플래너를 보면 너무 복잡하고 작성하는 데 시간이 오래 걸려 엄두가 나지 않을 수 있다. 그래서 아이와 함께 쉽게 플래너를 작성하기 위해 가장 간단한 플래너인 PDS 시스템 작성법을 배워보자.

PDS 시스템이란 계획을 제대로 실천하기 위해 단계를 나눠서 Plan(계획)–Do(실행)–See(확인)의 3단계 과정을 거쳐 플래너를 작성하며 시간관리를 하는 것을 일컫는 말이다.

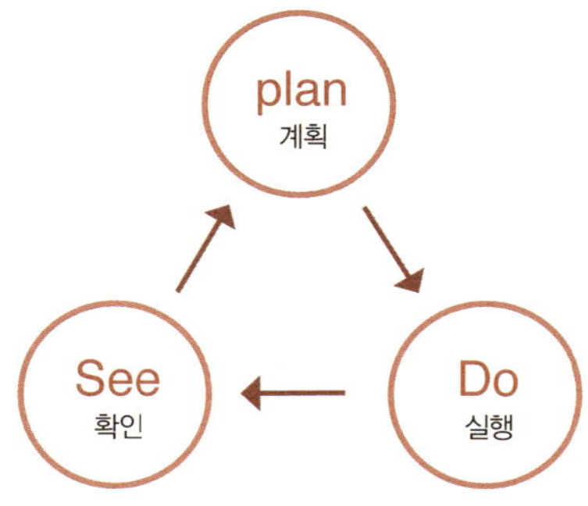


**PDS 시스템 작성 요령**

다음 페이지에 나오는 아이를 위한 PDS 플래너를 참고하여 살펴보자. 각 항목의 이름만 살짝 수정하면 아빠도 얼마든지 활용 가능한 플래너가 될 수 있을 것이다. 아이와 함께 아빠도 이 PDS 시스템을 이용하여 자신의 하루 시간관리를 시도해보자. 아이와 함께 경쟁하듯 동기부여를 해도 좋다. 아이가 매일 PDS 시스템을 작성하는 것이 습관이 될 때까지 아빠의 큰 관심과 힘찬 격려 그리고 응원이 필요하다

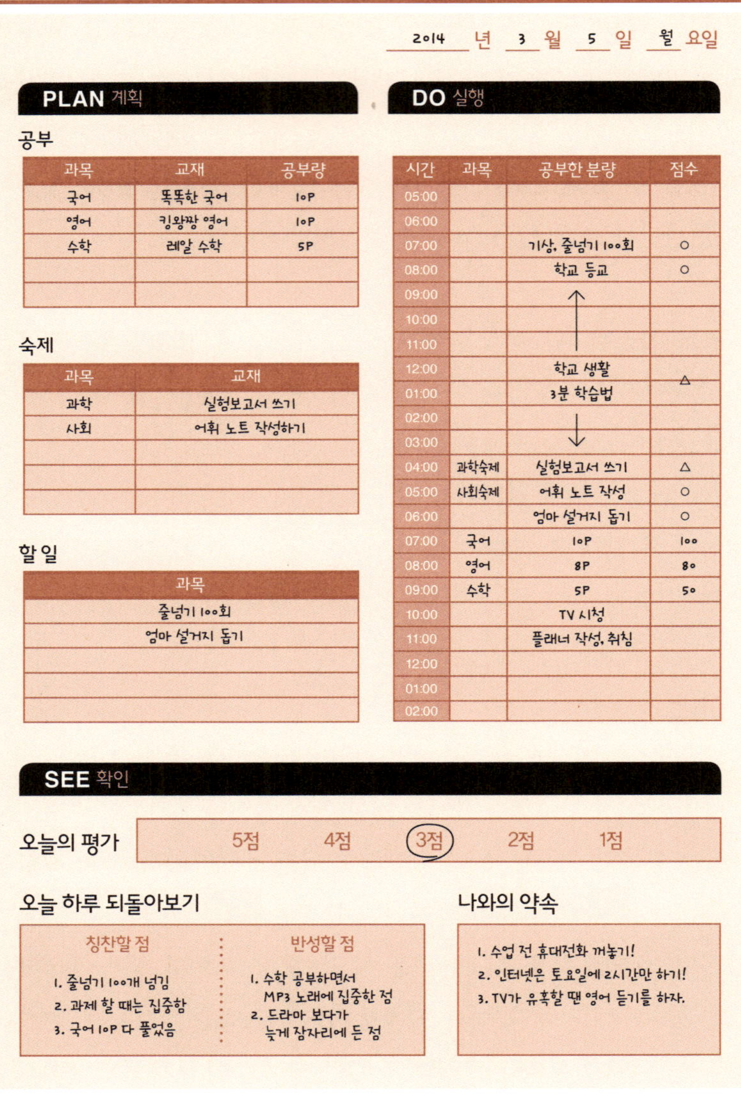


2014 년 3 월 5 일 월 요일

PLAN 계획

공부

| 과목 | 교재 | 공부량 |
| --- | --- | --- |
| 국어 | 똑똑한 국어 | 10P |
| 영어 | 킹왕짱 영어 | 10P |
| 수학 | 레알 수학 | 5P |
|  |  |  |

숙제

| 과목 | 교재 |
| --- | --- |
| 과학 | 실험보고서 쓰기 |
| 사회 | 어휘 노트 작성하기 |
|  |  |
|  |  |

할 일

| 과목 |
| --- |
| 줄넘기 100회 |
| 엄마 설거지 돕기 |
|  |
|  |

DO 실행

| 시간 | 과목 | 공부한 분량 | 점수 |
| --- | --- | --- | --- |
| 05:00 |  |  |  |
| 06:00 |  |  |  |
| 07:00 |  | 기상, 줄넘기 100회 | ○ |
| 08:00 |  | 학교 등교 | ○ |
| 09:00 |  | ↑ |  |
| 10:00 |  |  |  |
| 11:00 |  |  |  |
| 12:00 |  | 학교 생활 | △ |
| 01:00 |  | 3분 학습법 |  |
| 02:00 |  |  |  |
| 03:00 |  | ↓ |  |
| 04:00 | 과학숙제 | 실험보고서 쓰기 | △ |
| 05:00 | 사회숙제 | 어휘 노트 작성 | ○ |
| 06:00 |  | 엄마 설거지 돕기 | ○ |
| 07:00 | 국어 | 10P | 100 |
| 08:00 | 영어 | 8P | 80 |
| 09:00 | 수학 | 5P | 50 |
| 10:00 |  | TV 시청 |  |
| 11:00 |  | 플래너 작성, 취침 |  |
| 12:00 |  |  |  |
| 01:00 |  |  |  |
| 02:00 |  |  |  |

SEE 확인

오늘의 평가      5점      4점      (3점)      2점      1점

오늘 하루 되돌아보기

칭찬할 점
1. 줄넘기 100개 넘김
2. 과제 할 때는 집중함
3. 국어 10P 다 풀었음

반성할 점
1. 수학 공부하면서
   MP3 노래에 집중한 점
2. 드라마 보다가
   늦게 잠자리에 든 점

나와의 약속
1. 수업 전 휴대전화 꺼놓기!
2. 인터넷은 토요일에 2시간만 하기!
3. TV가 유혹할 땐 영어 듣기를 하자.

는 것만 명심하자.

아이에게 먼저 PDS 시스템의 숲을 보여주는 것이 좋다. 앞에서 제시한 PDS 시스템을 살펴보면 크게 3개의 부분으로 나뉘어있다. Plan, Do, See로 구성된 것을 왼쪽부터 하나씩 아이가 스스로 작성해나가면서 체크하도록 하면 된다.


### ① Plan(계획)_우선순위를 정해라

PDS 시스템에서 가장 중요한 것은 Plan(계획)이다. Plan은 잠자기 전에 내일 할 일을 미리 작성하는 것이다. 잠자기 전에 작성하여 열심히 계획을 실천하려 하지만 대부분의 계획이 수포로 돌아가는 것은 시작부터 잘못된 Plan을 만들었기 때문이다. 즉 중요도에 따라서 계획을 나누어 우선순위를 두어야 하는데 그냥 되는 대로 섞어서 계획을 짜기 때문에 지킬 수 없는 계획이 되고 마는 것이다.

그래서 PDS 시스템을 이용해 일간 계획을 세울 때 아빠가 아이에게 가장 먼저 강조해야 하는 것이 우선순위인 것이다. 아이의 생활에서 가장 중요한 것이 공부이므로, 1순위에 두어야 할 것은 내일 해야 할 주요과목인 '공부'이다. 그다음이 학교나 학원에 가서 받게 되는 '숙제'(과제)이다. 그리고 마지막 남는 시간에 해야 할 것이 기타의 '할 일'이다. 우선순위를 적용해 제대로 Plan을 짠다는 것은 공부 - 숙제 - 할 일을 분리해서 짜는 것을 의미한다. 만약 아빠가 이 PDS시스템을 활용하려면 '공부' 대신 '주요 업무', '숙제' 대신에 '과제', 그리고 '할 일'은 그대로 기타 할 일로 해서 사용하면 된다. 그러면 아빠도 아이와 함께 제대로 된 우선순위를 정하여 실천하는 일일 플래너를 갖추게 된다.

### ② Do(실행)_언제 할지를 정해라

아이와 함께 내일의 Plan을 작성했다고 해서 아이가 그냥 자게 놔두면 안 된다. 작성한 Plan을 두 번째 기둥인 Do(실행) 칸에 직접 작성하도록 해야 한다. 그래야 언제 그것을 실행할 것인지 명확해져 제대로 실행할 수 있게 된다. 아이와 함께 내일 언제, 무엇을, 할 것인지 작성해보자. 거의 매일 비슷한 시간표대로 가기 때문에 한 번만 제대로 하면 다음부터는 아이 혼자서도 쉽게 작성할 수 있을 것이다.

이렇게 Plan과 Do를 모두 작성했으면 이제 아이는 잠자리에 들어도 된다. 다음 날 아침부터 계획한 대로 하나씩 잘해나가는지만 Do 칸에 체크하면 된다. 이제 주요과목을 제외한 나머지는 점수 칸에 ○, ×로 표시하게 하면 되는데, 이때 주의할 점은 아이가 주요 과목은 좀 더 꼼꼼한 관리하도록 100점 만점으로 표시하게 하는 것이 좋다.

### ③ See(확인)_문제점에는 구체적 대안을 제시해라

하루 동안 Do를 체크했으면 그날을 마무리할 때 마지막 기둥인 See(확인)를 작성하면 된다. 잘 실행했는지 정도에 따라 1~5점으로 표시하거나 100점 만점으로 표시해도 좋다. 아이 스스로 칭찬할 점과 반성할 점도 작성하게 하자. See(확인)에서 가장 중요한 것은 반성할 점을 반성만 하고 끝나는 것이 아니라 아이가 스스로 구체적으로 어떻게 문제점을 극복할 것인지 대안을 세워 문제점을 해결하도록 하는 것이 중요하다. 그래서 맨 마지막의 '나와의 약속' 칸에 그 대안을 세워 써넣도록 해야 그 문제점을 아이가 스스로 제대로 극복할 수 있을 것이다. 예를 들면, 공부할 때 나도 모르게 자꾸 스마트폰에 손이 가서 신경 쓰인다면 공부 시작 전 부모에게 스마트폰 맡기기 등과 같은 구체적인 대안을 작성하도록 해야 한다. 그래야 아이가 그 문제점을 스스로 해결할 수 있고 그로 인해 자신에 대한 자긍심을 가질 수 있을 것이다.

방과후학교나 자기주도학습 프로그램을 통해서 학생들에게 PDS 시스템을 가르칠 때마다 재미있는 경험을 하게 된다. 소위 공부 잘하는 아이들은 이 시스템을 배우기 이전에 스스로 계획을 세우고 실천할 수 있는 나름의 시스템을 갖고 있는 경우가 많다. 이런 이유 때문에 아이들의 성적과 의지력이 다른 것이다. 도대체 어떻게 그런 습관을 지니게 됐을까 물어보면 대부분의 아이에게서 똑같은 대답이 나온다. 그건 바로 부모 중 한 쪽이 반드시 이런 시스템을 실천하고 있다는 것이다. 특히, 아빠가 실천하고 있는 플래너에 관심을 가진 아이가 이렇게 규칙적으로 실천하고 있는 경우가 더 많았다. 한마디로 말하자면, 아이에게 아빠의 시간관리 습관은 단지 아빠의 습관으로 그치는 것이 아니라 아이의 미래를 결정하는 시간관리 습관이 되는 것이다.

또한, 이 아이들이 지닌 또 다른 특징은 자신의 공부나 다른 문제들, 특히 미래 진로 등에 대해서 아빠와 많은 이야기를 주고받는다는 것이다. 일상생활 속에서 생기는 문제점들에 대해 아빠의 지혜를 빌릴 줄 아는 아이가 다른 아이들보다 의지력이나 통찰력, 미래에 대한 과제 집착력이 강한 것은 어쩌면 당연한 결과라고 말할 수 있겠다.

**06**
......

# 30분의 기적을
# 체험하게 하라

아빠도 아이도 자신의 꿈을 이루기 위해서 반드시 필요한 습관이 무엇인지를 알고 있다. 그러나 그 습관을 꾸준히 실천하기란 좀처럼 쉽지 않은 일이다. 앞에서 배운 '66일의 습관의 법칙(114쪽)' 때문이기도 하지만, 하루 중 그것만을 위한 시간을 확보하기가 어렵다는 그럴 싸한 핑계가 우리의 발목을 잡는 경우가 많다.

### 가벼운 습관의 시작, 30분부터

시간관리가 필요한 줄은 잘 알면서도 아이는 물론 아빠도 꾸준히 그것을 실천하기란 그리 쉽지 않다. 늘 마음은 있는데 실천하기 어려운 게 바로 시간관리의 넘기 힘든 장벽이기 때문이다. 시작만 하면 어떻게 잘해볼 수 있을 텐데 말이다. 시작이 너무 버겁고 몸이 움직여지지 않는다고 많은 아빠와 아이가 호소한다. 왜 그러는 것일까?

그것은 바로 너무 거창하게 시작하려고 하기 때문이다. 예를 들면, 운동을 전혀 안 하던 아빠가 갑자기 헬스클럽을 끊어 매일 1~2시간씩 운동을 한다는 것은 무리가 될 수밖에 없다. 물론 과감하게 1년 치를 선불로 등록하여 돈 아까워서 하게 만드는 과감한 시작도 나쁘지는 않다. 하지만 이런 경우 대부분 몸에 무리가 생겨서 결과적으로 쉬는 날이 많아지고 매일 운동하는 것에 대한 부담 때문에 즐거움보다는 괴로움을 느끼게 되는 경우가 많다.

아이도 마찬가지이다. 수학 공부를 혼자서 해본 적이 없던 아이가 수학 문제집을 하루에 2~3시간씩 집중해서 푼다는 것은 이미 이루기 힘든 습관인 것이다. 수학 문제를 풀기보다는 딴짓을 더 많이 하는 것은 바로 이런 이유 때문이다.

그렇다면 어떻게 해야 좋은 습관을 지닐 수 있을까? 해답은 바로 '가벼운 시작'에 있다. 더도 말고 덜도 말고 하루에 30분만 투자해보자. 하루에 자투리 시간이 많은 때를 이용해서 규칙적으로 시작해보는 것이다. 비록 하루 30분이지만 일주일에 5일을 지킨다면 150분, 한 달이면 600분, 일 년이면 7,200분(120시간)이 되는 것이다. 이렇게 매일 아빠와 아이가 함께 가벼운 마음으로 습관을 꾸준히 시작하고 지켜나간다면 불규칙적으로 많은 시간을 사용해 실천하는 것보다 자신의 습관으로 만들기 더 쉬울 것이다.

## 아빠와 아이의 30분 기적 만들기

초등학교 5학년인 수현이는 학교에서 한자 박사로 통한다. 올해 초, 한자 자격 시험에서 3급에 당당히 합격했고 지금은 중국어를 공부하고 있다. 수현이는 3학년 때 '시간관리 절대 5원칙'이라는 나의 강연에 엄마와 함께 참석한 적이 있었다. 그 강연 중에서 수현이는 '30분의 기적'이란 말에 꽂혀서 엄마와 함께 그날부터 바로 실천에 들어갔다고 한다. 그 실천의 첫 번째로 엄마는 영어 회화를, 수현이는 한자를 공부하기로 약속했다. 이전에도 수현이는 한자 공부를 시도했지만, 학원 시간에 치여서 얼마 가지 못해 포기하고 말았다고 했다. 그런데 신기하게도 하루에 30분만 할애해서 한자 공부를 시작하고부터는 힘들다는 말 한마디 없이 꾸준히 재밌게 집중하면서 공부하게 되었다고 한다. 이전에는 몇 시간씩 붙잡고 있을 뿐 도무지 진도가 나가지 않았는데, 딱 30분 안에 그날의 진도를 마쳐야 하니 오히려 집중을 더 잘할 수 있었다는 것이다. 수현이는 아침 등교 시간부터 수업 시작 전까지 30분간을 스스로 기적의 30분이라고 정의하며 그 시간을 오로지 한자 공부에 집중하며 자신의 목표를 이뤄낸 것이다.

실제로 수현이의 경우처럼 학생들과 부모들 교육 때 '30분의 기적'이라는 프로그램을 진행해보면 이름 그대로 30분의 기적을 경험할 수 있다. 그토록 어렵고 좀처럼 지켜지기 어려웠던 습관도 하루 30분만 투자하라고 하니 쉽게 잘 지켜질 수 있었던 것이다.

이 30분의 기적을 위해서 아빠와 아이가 함께 거쳐야 할 과정은 무엇일까? 먼저 아빠는 온 가족이 모여 자신의 꿈을 위해 꼭 필요한 습관을 정하도록 한다. 앞에서 배운 66일의 습관을 정해도 괜찮다. 이미 잘 지켜지고 있는 습관이라면 다른 습관을 정해도 좋다. 예를 들면, 매일 운동 30분, 독서 30분, 신문 읽기 30분, 영어 듣기 30분 등이다. 아빠의 주도로 다음의 표를 참고하여 좋은 습관으로 만들고 싶은 것을 작성해보자. 작성하기 전 아빠는 아이와 함께 각자의 의견을 말하는 가족 토의를 시작한다.

1. What : 무엇을 할 것인가?
2. When : 언제 할 것인가?
3. How : 어떻게 할 것인가?

이렇게 토의를 거친 뒤 각자 다음의 예처럼 '30분의 기적'을 작성하여 거실이나 책상, 냉장고 앞에 붙여놓고 매일 열심히 지킬 수 있도록 서로 격려하고 응원하자.

| | 30분의 기적 |
|---|---|
| what | 운동 30분 |
| when | 저녁 식사 후 |
| how | 아파트 3바퀴 돌기 |

앞의 예처럼 매일 30분씩 운동을 하다 보면 어느새 운동하는 습관

이 생겨 더 큰 목표가 생기게 될 것이다. 그렇게 마음과 몸이 단련되고 익숙해진 다음에 더 큰 목표를 세우고 도전하는 것이 순리이자 승리의 길이 될 수 있다.

아이들의 공부도 마찬가지이다. 30분의 짧은 순간이지만 그래서 더 집중할 수 있고 재미도 느낄 수 있다. 그러면서 그 과목 공부에 대한 자신감과 필요성이 더해지면서 더 큰 욕심을 스스로 키워나가게 되는 것이다. 이것이 바로 자기주도학습의 디딤돌이 되는 것이다.

이렇게 아빠와 아이가 함께 매일 '30분의 기적'을 체험한다면 아이는 혼자서는 하기 힘든 멋진 습관을 잘 지켜나갈 수 있게 될 것이다. 이런 과정을 통해서 가족 간의 화합과 유대감을 높이면서 가족 모두의 꿈을 공유하게 되고, 하루하루 꿈과 점점 더 가까워지는 것이 얼마나 행복하고 기쁜 일인가를 가족 모두가 느끼게 될 것이다.

## 07
·····

# 휴식이 최고의
# 투자임을 알게 하라

이제 아이와 함께 훌륭한 계획표 세우는 법도 배웠고, 좋은 습관을 만드는 30분의 기적도 체험했다. 아빠와 아이가 호흡을 맞추며 기대에 찬 하루하루를 열심히 보내게 될 것이다. 다만, 이렇게 좋은 방법을 배웠음에도 불구하고 사람은 누구나 반복되는 것에 대한 거부감이 들거나 때로는 힘들고 지치기도 하는 법이다.

### 계획을 세울 때 여유시간을 만들어라

아빠가 아이와 함께 계획을 세울 때 반드시 명심해야 할 것은 여유시간을 두는 것이다. 매일의 계획이 아이 뜻대로 진행되기는 쉽지 않다. 때로는 심부름도 가야 하고 친구를 만나는 일이 생기기도 하고, 갑자기 해야 할 일이 생기기도 하기에 계획표에도 오차가 생길 수 있다. 이러한 돌출 시간 때문에 계획표가 자꾸 무너진다면 누구나 계획표 세우기를 좋아하지 않게 될 것이다. 굳이 계획표를 세워야 하느냐고 따지는 아이들이 있을 수도 있다. 그래서 일간, 주간, 월간 계획을 세울 때에는 언제나 피치 못할 경우를 대비할 수 있는 여유시간을 반드시 두어야 한다. 그래야 자신이 지킬 수 있는 계획표가 완성될 수 있다. 앞에서 말한 돌출 시간이 갑자기 생기더라도 여유시간을 이용하여 그 시간을 메꿀 수가 있다. 여유시간을 이용해 약속했던 진도를 맞출 수 있으며, 매일 계획표를 점검하며 더 발전된 계획표를 세울 수 있게 될 것이다. 만일 계획표를 잘 수행했다면 여유시간은 그냥 신나게 놀거나 쉬는 시간으로 활용해도 좋다. 이 시간은 그냥 노는 시간만이 아니라 계획표대로 열심히 생활한 노력에 대한 보상이자 가장 중요한 휴식, 즉 가장 가치 있는 투자시간인 셈이다. 아이가 열심히 해서 여유시간에 놀 수 있었는데 부모가 그 시간에 더 공부하자고 한다면 아이는 다음에는 일부러 시간을 끌면서 계획표에 맞춰 열심히 하려고 하지 않을 것이니 이런 점을 특별히 주의해야 할 필요가 있다.

심리학 용어에 회상 효과(Reminiscent Effect)라는 것이 있다. 뇌 과학 연구자들과 심리학자들이 공동 실험을 통해 얻은 결론에 따르면, 사람은 누구나 어떤 똑같은 일을 거듭할수록 피로가 쌓이고 주의집중력이 떨어져 결국은 업무 수행 능력도 떨어지게 된다고 한다. 그래서 잠시나마 휴식을 통해 피로를 풀어줌으로써 다시 집중력을 높여주어야 한다. 그렇게 해야 학습에 있어 중요한 기억력이 다시 향상되는 회상 효과가 나타날 수 있다는 것이다. 즉 월요일부터 금요일까지 5일 동안 뇌를 혹사했다면 주말 정도는 실컷 놀아줘야만 뇌가 다시 공부하고 싶어지고 뇌의 효율성도 훨씬 더 높아진다는 이론이다. 한마디로 회상 효과는 무엇인가를 배울 때는 집중적으로 끊임없이 계속하기보다는 주기적으로 휴식을 취함으로써 기억력을 강화하는 것이 훨씬 효과적이란 것이다.

### 아이에게 주말의 휴식을 선물하자

"○○가 정말 지긋지긋해요."
"○○ 이야기만 나와도 정말 미칠 것 같아요."
"○○하라고 엄마가 말씀하면 하고 싶다가도 더 하기 싫어져요."

얼마 전 방송에서 "○○하면 어떤 생각이 제일 먼저 떠오르는가?"에 대한 질문이었다. 이 질문에 초등학교 6학년들의 입에서 이런 말들이 쏟아져 나왔다. 물론 ○○은 '공부'이다. 아직 제대로 된 진짜 힘든 공부의 문턱에는 미치지도 못한 아이들 입에서 왜 이런 답밖에 나오지 않는 것일까?

"공부는 정말 재밌어요."
"공부, 생각만 해도 즐거워요."

"공부하라는 말씀 안 하셔도 막 하고 싶어져요."

이런 답들은 왜 들을 수 없는 것일까? 공부라는 것은 정말 지겨운 것이고, 사람을 미치게 하고, 진정 재미있게 즐길 수 없는 것일까? 아이가 스스로 호기심을 갖고 공부를 즐길 수는 없을까?

어릴 적 아이의 모습을 상상해보면 결코 그것이 불가능한 일만은 아니라는 것을 알 수 있다. 아이가 어렸을 때는 종일 엄마, 아빠를 쫓아다니며 호기심 보따리를 풀어놓지 않았는가?

"이건 뭐예요?"
"저건 왜 그래요?"
"그건 어떻게 만들어요?"

그렇게 왕성한 호기심은 모두 다 어디로 갔을까? 이에 대해 교육학자들은 자신 있게 말한다. "관심 있는 어떤 것에 대한 무한한 호기심은 우등생들이 공부를 즐기고 또 재미있는 놀이로 인식하게 하는 유일한 에너지이다. 그런데 대부분의 아이들이 어릴 때는 풍부하게 지녔던 무한 호기심을 학교 입학을 전후로 해서 부모가 사라지게 하는 것이다. 쉼표 없이 무한 전진을 강요하는 과도한 학습 시간표와 능력에 맞지 않는 선행학습, 이 2가지만 갖춰지면 1년 안에 아이의 모든 호기심을 사라지게 할 수 있다."

이렇게 아이들의 호기심을 말살하고서도 대부분의 부모들은 아이들만 탓한다. "요즘 아이들은 스스로 공부도 하지 않고, 의지력도 약하고, 고생을 몰라서 그래."

지금이라도 늦지 않았다. 아빠로서가 아니라 우리 아이의 멘토로서 우리 아이의 학습 시간표와 능력에 대해 지금 당장 다시 생각해보자. 그리고 나의 어린 시절을 생각하며 다시 한 번 더 생각해보자.

월 화 수 목 금 금 금
1~2년 선행학습 심화반

이와 같은 시간표나 능력에 맞지 않는 학습량은 아이에게 정말 도움이 될 것인지를 다시 한 번 냉정하게 생각해봐야 한다. 아마도 이런 행위는 아이가 진정 공부를 즐기며 행복한 우등생이 되기를 바란다면 반드시 피해야 할 '공부를 망치는 지름길'인 것이다. 주말에 학원에 가거나 공부를 하게 하는 것은 득보다 실이 훨씬 더 많은 실패하는 학습 방법이다.

아빠로서 냉정하게 생각해봐서 우리 아이의 학습 시간표나 학습량이 아이에게 맞지 않는다면 아내를 설득해야 한다. 그리고 회상 효과를 강조해주자. 일주일 중 5일만(월~금) 진도를 나가고 토요일에 한 주 동안 공부한 것을 총복습만 하고 나머지 주말 시간은 푹 쉬도록 해야 한다고 말이다. 시험기간에만 특별히 주말 학습을 하고 나머지 주말에는 즐거운 일, 행복한 일을 아이 스스로 선택해서 할 수 있게 해주자. 아이가 아빠와 함께 신나게 놀기를 선택한다면 기꺼이 주말을 아

222

이와 함께 놀아주자. 물론 게임이나 TV 등을 보는 것이 쉬는 것은 아니다. 그것보다는 좀 더 활동적인 에너지를 발산하며 스트레스를 풀 수 있는 스포츠라면 더욱 좋다. 그래서 아빠가 더 필요한 시간이 바로 주말인 것이다. 아빠와 신나게 땀 흘리는 놀이시간은 그냥 노는 시간이 아니라 아이가 더 열심히 공부할 수 있는 에너지를 보충하는 시간이다. 이런 휴식을 통해서만이 공부를 즐기면서 효율적인 공부를 할 수 있는 계기가 마련된다. 모든 인간의 뇌는 쉬지 않고 반복적으로 강요하는 학습은 절대적으로 거부하기 때문이다. 아빠가 아이의 쉼표가 되어줘야만 아이는 쉼표 없는 성장과 발전을 거듭할 것임을 명심 또 명심하자.

*

아빠도 꿈이 있었다.
아이의 꿈을 이야기하기 전에 아빠인 나는
어떤 꿈을 가지고 있었을까 생각해보자.
세상을 살아가는 것이 힘에 겨워 꿈도 희미해졌지만,
내 아이를 위해 내 아이가 이룰 꿈을 위해
지금부터라도 새롭게 꿈을 키워나가야 할 때다.

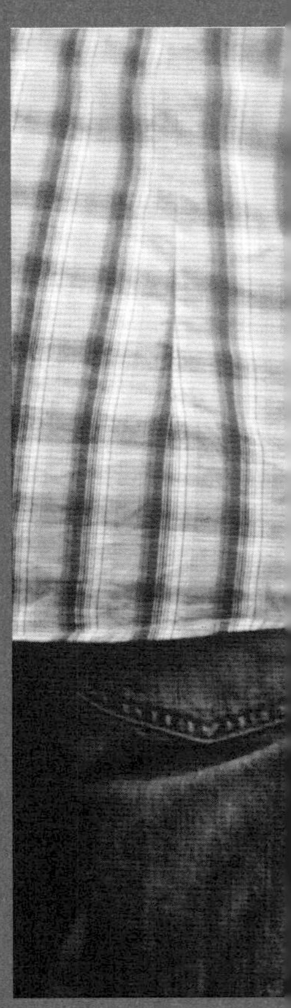

# chapter 06

# 꿈이 있는 아빠 밑에 꿈이 큰 아이가 자란다

# 01
······

# 아이의 꿈을 이야기하기 전에
# 아빠의 꿈을 이야기하라

한때는 지능지수를 나타내는 IQ(Intelligence Quotient)를 가장 중요한 인생의 성공 척도로 여길 때가 있었다. 그러나 1970년대 이후 IQ는 인간의 무한하고도 다양한 지능을 적절하게 표현하지 못한다는 비판을 받았다. 그러자 지능지수(IQ)와 대조되는 개념으로 EQ(Emotional Quotient, 감성지수)가 강조되었다. 즉 자신의 감정을 적절히 조절하고, 원만한 인간관계를 구축할 수 있는 '마음의 지능지수'를 뜻하는 EQ가 성공의 가장 중요한 요인으로 강조된 것이다. 최근에는 IQ, EQ 이외에도 MQ(Moral Quotient, 도덕지수), SQ(Social Quotient, 사회성 지수) 등 여러 가지 분야에서 다양한 재능을 측정하는 지수들이 소개되고 있고, 이것이 성공의 중요한 요인으로 강조되고 있다.

## 아빠가 아이에게 키워줘야 할 능력 DQ

물론 이러한 능력들은 인생의 성공을 위한 필수 조건이라고 말할 수 있다. 하지만 나는 이런 여러 가지 능력들보다 아이를 교육시키는 아빠들이 꼭 마음에 새겨두어야 할 훨씬 더 중요한 지수가 있다고 말하고 싶다. 앞에 언급된 지수들의 뿌리이자 에너지가 되는 지수인 DQ이다.

DQ는 Dream Quotient(꿈 지수)의 약자로 꿈을 구체적으로 그리며 그 꿈을 이루기 위해 적극적인 노력과 열정을 보이는 사람들의 공통된 능력이다. DQ가 높은 사람들은 미래의 꿈을 현실화시키려는 노력과 열정이 뛰어날 뿐만 아니라 자기 일에 대한 집중력과 의지력이 아주 뛰어나다. 또한, 긍정적 사고와 적극적인 삶의 자세를 지니고 있어 주위사람들을 행복하게 만드는 훌륭한 리더십을 발휘한다. DQ가 높은 사람들은 먼 미래의 꿈을 이루기 위해 많은 시행착오와 실패를 겪어야 한다는 것을 잘 알고 있다. 그래서 DQ가 높은 사람들은 실패를 두려워하지 않고 오히려 실패를 즐기며 배움의 한 과정으로 생각하는 훌륭한 긍정심리의 달인들이라 할 수 있다. 그래서 아빠가 아이를 교육할 때 가장 신경 써야 할 부분이 바로 DQ인 것이다.

실제로 IQ, EQ, MQ, SQ가 아무리 높다 할지라도 DQ가 낮다면, 그 아무리 훌륭한 재능이 있다 할지라도 그 재능을 써먹을 수 있는 곳을 찾지 못해 헤매게 된다. 구슬이 서 말이어도 꿰어야 보배이듯이 아무리 좋은 재능을 가지고 있다 할지라도 그 재능을 써먹을 꿈을 찾고 구체적인 단계를 밟아가는 DQ가 필요한 것이다. DQ가 높은 사람, 즉 구체적이고 명확한 꿈을 지니고 있는 사람만이 자신이 가지고 있는 다른 재능을 십분 발휘할 수가 있는 것이다. 그래서 아빠가 아이에게 키워줘야 할 가장 중요한 능력이 DQ인 것이다.

### 드리머인 아이에게는 드리머인 아빠가 있다

그렇다면 DQ가 높은 아이로 키우기 위해 아빠는 무엇을 해야 할까?

'우리 아이는 원래부터 꿈을 꾸는 것을 좋아하고, 꿈을 구체적으로 수립하며 악착같이 그 꿈을 이루려고 노력하는 아이는 아닌 것 같은데……. 도대체 어떻게 해야 DQ가 높은 진취적인 아이로 키울 수 있을까?'

아직 어린 나이임에도 불구하고 꿈에 대한 집착력이 강하고 구체적이고 체계적인 꿈을 그리며 한 계단 한 계단 천천히 올라가려 노력하는 초등학생이나 중학생을 보면 그 해답을 쉽게 찾을 수 있을 것이다. 그 아이와 상담을 해보면 십중팔구 발견하게 되는 것이 아이 주변에 반드시 구체적인 꿈을 키우며 최선을 다해 살아가고 있는 드리머(Dreamer)가 존재한다는 것이다. 대부분은 부모인 경우가 많으나 간혹 선생님과 같은 주위의 다른 사람인 경우도 있다. 특히, 가장인 아빠가 드리머인 경우 대부분의 아이들은 아빠를 닮아 드리머로 성장할 확률이 훨씬 더 높다. 왜냐하면, 드리머인 아빠는 꿈을 구체적이고 체계

228

적으로 그리며 살아가고 있어 아이는 어려서부터 꿈에 대한 소중함과 집착력을 키울 수 있기 때문이다. 즉 드리머인 아빠의 긍정성과 행복 감이 아이에게 더 큰 꿈과 더 구체적인 꿈을 키우게 하는 것이다. 아빠가 아이와 식사를 하거나 놀다가도 꿈에 대해 자주 대화를 나누며 미래의 꿈을 위해 열심히 준비하게 하는 것은 아이의 인생에 밑그림을 마련해주는 것이다.

많은 어른들이 아무 생각 없이 아이에게 묻곤 한다.
"너는 커서 뭐가 될래?"
"너는 꿈도 없니?"
"어린 애가 그렇게 꿈도 없이 살아서 무엇이 되려고 그러니?"
"무슨 꿈이 그렇게 자주 바뀌니?"
아이에게 이런 질문을 하기 이전에 자신에게 질문해보자.
"나의 꿈은 무엇인가?"
"나는 더 나이 들어서 무엇이 되려고 하는가?"
"인생의 후반기에 내가 가질 꿈은 무엇인가?"

세상에 아무 변화가 없는 것은 세상에 맞서기를 포기한 것과 같다. 물론 세상을 살아가는 것이 힘들수록 꿈도 멀어져간다. 그렇지만 내 아이를 위해, 내 아이가 이룰 꿈을 위해 아빠부터 변화를 시도해보자. 아이가 큰 꿈을 꾸며 구체적이고 체계적인 꿈을 그릴 수 있도록 말이다.

　멋진 꿈을 소중히 여기며 그 꿈을 이루기 위해 노력과 열정을 다 하는 아이를 바란다면 지금 당장 아빠인 나의 꿈부터 생생하게 되살려야 할 것이다. 그리고 매일 그 꿈나무에 물을 주는 부단한 노력과 열정을 아이가 볼 수 있게 해야 한다. 그러면 아이도 자신의 꿈나무를 키우기 위해 매일 꾸준히 그리고 열심히 물을 줄 것이다.

## 02
......

# 아이의 꿈을 찾기 전에
# 탁월성을 찾아라

누구나 꿈을 꿀 수는 있지만, 모두가 그 꿈을 이룰 수는 없다! 꿈을 이루는 사람들과 꿈을 이루지 못하는 사람들의 가장 큰 차이점은 무엇일까? 그것은 아마도 꿈이라는 높은 곳까지 올라갈 수 있는 튼튼한 사다리가 있느냐 없느냐의 차이일 것이다. 즉 하늘 높이 달려있는 꿈을 이루기 위해서는 한 번에 올라갈 수 없는 까닭에 조금씩 꾸준히 오를 수 있는 사다리가 필요하다. 마찬가지로 내 아이의 꿈을 이루기 위해서도 조금씩 꾸준히 오를 수 있는 사다리를 아빠가 아이와 함께 만들어야 하는 것이다. 아빠와 함께 아이가 꿈을 이루기 위해 설계해야 하는 '꿈을 이루는 5단계 과정' 중 그 첫 번째 단계를 알아보자.

## 꿈을 이루는 1단계_자신의 탁월성을 기반으로 꿈을 만들어라

아이의 꿈이 이루어지기 위해서는 첫 번째로 중요한 것이 바로 자신에게 가장 잘 맞는 꿈인지, 아니면 남의 꿈을 부러워하는 것인지의 여부이다. 자신의 장점을 극대화할 수 있는, 자신에게 편안한 꿈을 꾸었기 때문에 꿈을 이룰 수 있으며, 그렇지 못하기 때문에 이룰 수 없는 것이 꿈이다.

자신이 가진 꿈이 이루어질 수 있는 가장 큰 확률을 확보하는 것은 자신의 특장점, 즉 자신의 **탁월성**을 기반으로 꿈을 만드는 것이다. 탁월성이란 '남보다 두드러지게 뛰어난 성질'이다. 이를 두고 아리스토텔레스는 자신의 능력을 꽃피울 수 있도록 해주는 것이라고 말하기도 했다.

그래서 아빠가 아이에게 맞는 꿈을 그리게 하려면 가장 먼저 아이의 탁월성을 찾아내는 것이 꿈을 이루는 첫 번째 단계인 것이다. 꿈이라는 것은 자신의 능력과 성격에 잘 맞아야 하고 또, 자신이 가장 잘할 수 있는 분야와 연관된 꿈일 때 이루어질 확률이 높아진다. 그래서 성공적인 꿈 찾기 과정에서 자신의 탁월성을 찾는 것이야말로 가장 중요한 첫 번째 단계가 된다.

## 아이의 탁월성을 찾아라

그렇다면 아빠는 아이의 꿈을 찾는 아이의 **탁월성**을 찾는 데 어떤 도움을 줄 수 있을까? 자신의 탁월성을 찾아낸다는 것은 자기 자신의

❶ 종이 위에 자신의 장점 20개를 적은 뒤, 그중에서 다시 10개를 추려 적는다. 이
때 10개 장점 리스트를 가장 중요한 장점이라고 생각하는 순서로 적는다.

❷ 엄마에게 '○○○의 장점 리스트' 종이를 주며 장점을 10개만 적게 한다.

❸ 아빠에게 '○○○의 장점 리스트' 종이를 주며 장점을 10개만 적게 한다.

❹ 선생님께 '○○○의 장점 리스트' 종이를 주며 장점을 10개만 적게 한다.

❺ 친구에게 '○○○의 장점 리스트' 종이를 주며 장점을 10개만 적게 한다.

❻ '나의 장점 리스트'의 각 항목 옆에 엄마, 아빠, 선생님, 친구의 장점 리스트와 중
복되는 항목의 확인란에 숫자를 써넣는다.

❼ '나의 장점 리스트'에 있는 항목의 숫자를 비교하여 가장 큰 숫자를 자신의 탁월
성으로 정한다. 만일 동점일 경우는 번호가 낮은 순서로 정한다.

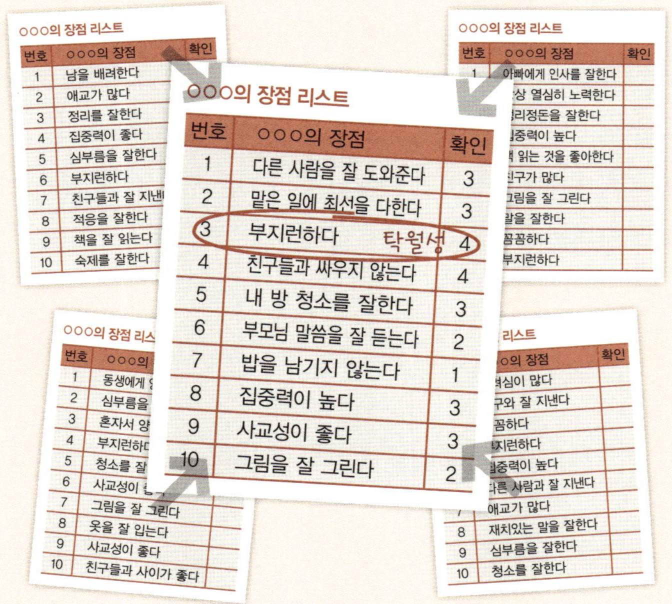



✽ 만일 '나의 장점 리스트'와 다른 4장의 장점 리스트에 중복된 항목이 없다면 '내가 생각하
는 나'와 '남이 생각하는 나'가 전혀 다르다는 것을 의미한다. 이런 경우는 꿈 찾기를 하기
전에 다른 사람들과의 공감 능력과 의사소통 능력을 키우는 훈련부터 해야 한다.

관점에서만 생각해서는 안 된다. 주위 사람들에게 객관적으로 인정받는 장점만이 탁월성이 될 수 있으니 다음의 단계를 통해 가족과 함께 아이의 **탁월성**을 찾아보자.

이런 과정으로 탁월성을 찾고, 그 탁월성에 맞는 직업을 찾게 되면 아이는 이루어질 가능성이 높은 꿈을 가지게 되는 것이다. 이렇게 아빠가 아이와 함께 탁월성을 찾는 과정을 통해서 실현 가능한 미래직업만 얻을 수 있는 것은 아니다. 아빠를 중심으로 가족이 모여서 가족 구성원의 여러 가지 장점을 찾고 탁월성을 찾아나가는 과정을 통해서 서로에게 관심과 사랑을 표현하며 의사소통을 더욱 따뜻하게 할 수 있다. 아빠도 엄마도 늘 아이의 단점을 보기에 급급했던 마음에서 장점을 보는 긍정적인 마음으로 바뀔 수 있을 것이다. 이러한 탁월성 찾기는 자녀와의 소홀했던 관계의 실타래를 푸는 아주 중요한 가족 대화법 기술의 하나로도 손색이 없다.

## 03
······

# 아이의 탁월성에 맞는
# 미래직업 찾기

**꿈을 이루는 2단계_자신의 탁월성에 맞는 직업을 찾아라**

아빠가 아이와 함께 아이의 탁월성을 찾았다면 그 탁월성에 맞는
직업을 찾는 것이 꿈을 이루는 2단계이다. 탁월성에 맞는 직업 찾기는
각 성격 유형에 맞는 직업의 예시 중에서 아이가 가장 끌리는 직업을
찾으면 된다. 물론 2개 정도의 직업 예시를 고른 뒤 그 직업들에 대해
서 아빠와 함께 아이가 상의하고 좀 더 연구한 뒤 자신의 미래직업으
로 정하면 훨씬 더 좋을 것이다.

### 사고형

이런 유형의 사람들은 대체로 이론적인 성향을 가지며, 사물에 대한 깊은 사색과 논리적인 두뇌로 문제를 신중히 처리하며 자기 반성과 책임감이 강하다.

**직업 유형 : 물리학자, 인류학자, 화학자, 수학자, 생물학자, 연구원 등**

### 내성형

이 유형의 사람들은 대체로 사람 앞에 나서는 것을 부끄러워한다. 그래서 매사에 소극적인 성향을 가진다. 자신의 의사를 다른 사람에게 제대로 표현하지 못하며, 오히려 혼자 있는 것을 더 즐긴다.

**직업 유형 : 의상디자이너, 헤어디자이너, 피부미용사, 기사, 사진가, 자영업 등**

### 냉담형

이런 유형의 사람들은 누가 봐도 차갑다고 느낀다. 자신의 감정을 거의 표현하지 않고 이성적인 판단을 많이 하는 편이다. 이런 성향은 다른 사람에게 오만하다는 평가를 받게 한다.

**직업 유형 : 의사, 변호사, 판사, 검사, 경찰관, 요리사, 간호사 등**

### 흥분형

이런 유형의 사람들을 흔히 다혈질이라고 한다. 다정다감한 성향이라 주위에 사람들이 많지만 감정 표현이 지나칠 수 있어 곧잘 소리치기도 하고 흥분하면 전후를 가리지 못하는 기분파에 속한다.

**직업 유형 : 응원단장, 레크리에이션 강사, 스포츠맨 등**

### 순종형

이런 유형의 사람들은 누구에게나 고분고분하고 다른 사람의 말을 잘 들어준다. 얌전하고 차분한 성격을 가지고 있어 어디서나 잘 어울린다.

**직업 유형 : 회사원, 공무원, 출입감독관, 공기업 직원 등**

### 독립형

성격 유형 중에 가장 의지가 강해 남의 간섭을 싫어한다. 자신의 신념이나 행동이 뚜렷하여 스스로 판단하여 언제나 자기주장대로 실행하려고 한다.

**직업 유형 :** 사업가, 신문기자, 잡지 편집인, 낙농가, 원예가, 농장 경영, 약사 등

### 강인형

끈기와 인내심이 강하여 하고자 하는 일에 있어서는 도중하차란 없다. 힘든 일이어도 고통을 참고 강행하는 습성을 가진다.

**직업 유형 :** 등산가, 탐험가, 항해사, 선장, 기관사, 비행사, 승무원, 운동선수 등

### 민감형

감정이 예민하여 작은 일에도 희비의 쌍곡선이 뚜렷하게 나타난다. 또 누구보다 직감력이 강하여 이성보다 감정에 치우치기 쉽다.

**직업 유형 :** 형사, 연출가, 탤런트, 배우 등

### 사교형

매사에 적극적이며 능란한 사교술을 가진 유형으로, 활동적인 성향을 가진다. 또 이런 사람들은 화술이 뛰어나고 자신이 처한 환경의 수용이 빠른 편이라 즉각적인 상황에서도 적응을 잘한다.

**직업 유형 :** 외교관, 사업가, 임상병리학자, 교육자, 목사, 상담사 등

### 행동형

말보다 행동이 앞서는 유형으로 현실적 감각이 강하고 앞에 나서기를 좋아한다. 나서기만 좋아하는 것이 아니라 맡은 일에는 매우 정열적으로 임한다.

**직업 유형 :** 비행사, 기계조작사, 사회사업가, 농부, 낙농가, 트럭운전사 등

### 고독형

말이 없고 혼자 있기를 좋아하는 유형으로 매사 조심스럽다. 조용한 곳을 찾아 자기도취에 빠지기 쉽다.

**직업 유형 :** 작가, 소설가, 시인, 화가 등

### 태평형

덜렁거리며 신경이 둔한 유형으로 느긋한 낙천가 형이다. 모든 일을 좋은 쪽으로만 생각하며 걱정은 하지 않는다.

**직업 유형 : 농부, 농장 경영 등**

### 안정형

신중하고 침착한 유형으로 자신의 감정을 잘 나타내지 않는다. 그래서 어디서나 믿음직하고 듬직한 모습을 보인다.

**직업 유형 : 은행원, 출납원, 통계학자, 부기계원, 행정보조원, 아나운서 등**

### 지배형

남으로부터 지시받는 것을 기피하는 유형으로 유아독존적이다. 이런 성향 때문에 언변 능력이 탁월한데, 이는 다른 사람을 이끌어가는 방법이기도 하다.

**직업 유형 : 정치가, 군인, 사회자, 회사의 경영주 등**

### 예술형

낭만과 사색을 즐기는 유형으로 홀로 명상하기를 좋아한다. 또한, 풍부한 감정을 가지고 있고 창의적이다.

**직업 유형 : 시인, 소설가, 음악가, 조각가, 화가, 극작가, 연출가, 연주가, 성악가, 영화배우 등**

예를 들면, 아이가 '남을 돕기를 잘한다.'라는 항목을 탁월성으로 지녔다고 가정해보자. 이런 탁월성을 지닌 사람은 다른 사람들에 대한 배려와 도움을 주는 것을 행복해하는 성격을 지녔다는 것을 의미한다. 따라서 직업도 남을 도와주거나 사람들에게 행복을 주는 서비스 업종이 잘 맞는 직업군이라고 할 수 있다. 여기에 어울리는 직업으로는 간호사, 물리치료사, 사회복지사 등을 들 수 있다. 이 아이에게는 이런 직업들이 잘 맞을 뿐만 아니라 남들보다 훨씬 뛰어난 업적과 성과를 이룰 수 있고 더 큰 보람을 느낄 수 있을 것이다.

자쓰리 브라더스의 둘째 자우는 '뛰어난 사교술'을 탁월성으로 지녔다. 이런 탁월성을 지닌 사람은 매사에 적극적이며 능란한 사교술을 가지며 외향적이라는 것을 의미한다. 따라서 활동적이며 뛰어난 화술과 환경 적응력이 돋보이는 직업에 알맞다. 이런 유형의 아이들은 사업가, 정치인, 외교관, 종교인, 교육자 등의 직업이 아이의 몸에 꼭 맞는 옷처럼, 아이에게 어울리는 꿈이 된다. 자우는 이 중에서 사업가를 택했다. 자신은 여러 사람과 함께 어울리며 무엇인가를 만드는 것이 즐겁다고 한다. 사람들에게 필요한 제품을 만들어 그들을 설득해서 물건을 팔고 그들을 행복하게 만들어주는 것이 상상만으로도 즐겁단다. 자신이 가장 잘할 수 있는 일이 가장 좋아하는 일이 될 수 있으려면 이처럼 탁월성에 맞는 직업을 찾으면 된다.

아빠나 엄마가 강요한 직업이거나 TV에서 보이는 멋진 직업 등은 나와 상관없는 만화 속 가상세계 주인공의 직업인 것이다. 아이의 탁월성에 꼭 맞는 꿈은 이루어질 가능성이 높을 뿐만 아니라 그 꿈을 이루어가는 힘든 과정도 아이에게는 훨씬 더 즐거운 과정이 될 수 있다. 아이도 어른도 지금까지 '남의 시선에 비치는 나'를 생각한 꿈속에서 살아왔다면, 지금부터라도 '나의 탁월성'을 찾아 그것에 맞는 안성맞춤의 꿈을 만들어보자.

이것이 바로 내 아이가 남의 메아리 속에서 살아가는 불행한 아이

가 아닌 아이 스스로 함성을 외치는 행복한 아이로 자라는 출발점이
다. 그리고 이것은 아빠가 아이에게 해줄 가장 중요한 역할 중의 하나
이다.

**04**
······

# 아이의 꿈을 이룬
# 롤모델을 찾아라

**꿈을 이루는 3단계_자신의 직업에 맞는 롤모델을 찾아라**

아이와 함께 탁월성을 찾고 그 탁월성에 맞는 직업을 정했다면, 그 다음 꿈을 이루는 3단계는 롤모델 찾기이다. 아이가 미래직업으로 선택한 직업에서 이미 성공을 거둔 롤모델을 아빠와 함께 연구하며 찾아보자. 아이에게 롤모델은 직업에 대해 막연하게만 생각했던 것을 실제 존재하는 사람을 통해서 구체적이고 실제적인 이야기로 다가오게 해줄 강력한 자극제가 된다. 롤모델이 어떤 과정을 거쳐 그의 꿈을 이루었는지, 어떤 노력과 열정이 필요했는지, 또 어떤 어려움을 겪었으며 어떻게 그 난관을 극복했는지를 영화처럼 가장 설득력 있게 말해주는 최고의 스토리텔러인 것이다.

## 꿈을 현실로 만드는 시각화

꿈이 현실이 되기 위해서 가장 필요한 것은 시각화이다. 즉 꿈이 이루어지려면 눈에 보여야 하고, 눈에 보일 수 있어야만 상상할 수 있고, 상상할 수 있어야만 그 꿈에 집착할 수 있는 것이다. 꿈에 대한 집착은 물론 노력과 열정을 끌어낼 수 있는 가장 중요한 시각화 요건은 바로 사람이 된다. 그래서 아빠는 아이의 꿈을 이미 달성한 롤모델을 통해서 좀 더 구체적이고 체계적으로 그 직업에 대한 개념을 확립할 수 있도록 도와야 한다. 아이가 스스로 폭넓은 사고로 롤모델을 찾기는 쉽지 않다. 아빠와 아이가 함께 인터넷 검색도 해보고, 도서관에 가서 책도 보고, 여러 자료를 연구하면서 롤모델을 정해야 한다. 아무래도 아이 혼자서 하기에는 어려운 일이기 때문에 아빠의 도움이 더욱 절실하다.

롤모델은 반드시 유명인사일 필요는 없다. 오히려 가까이에서 쉽게 만날 수 있는 아빠의 지인이라면 훨씬 더 자세한 이야기도 나눌 수 있고, 가까이 느껴져 그만큼 더 큰 힘을 발휘할 수도 있다. 이렇게 아빠를 통해 아이가 가까이에서 만날 수 있는 롤모델은 좀 더 현실적으로 느껴지고 언제든 쉽게 조언과 도움을 얻을 수 있어서 가장 큰 진로 내비게이션이 될 수 있을 것이다.

다음 표에서처럼 언론인의 꿈을 지닌 이 아이는 아빠와 함께 상의한 뒤 롤모델로 손석희 아나운서를 꼽았다. 아이는 아빠와 함께 도서

| 나의 롤모델 정하기 | |
| --- | --- |
| 내가 꿈꾸는 직업은? | 세상의 빛과 소금이 되는 참언론인 |
| 그 직업에서 성공한 사람은? | 오프라 윈프리, 손석희, 최윤영 |
| 내가 뽑은 롤모델은? | 손석희 아나운서 |
| 롤모델로 뽑은 이유는? | 늦었지만 끝까지 포기하지 않고 꿈을 이루었음.<br>중립을 지키는 참언론인<br>자신의 가치를 스스로 창조하는 언론인 |
| 롤모델에게 꼭 배우고 싶은 것은? | 실패 속에서도 굴하지 않는 도전정신<br>시류에 흔들리지 않고 자기 길을 가는 굳은 심지 |
| 롤모델에 대해서 연구하기 | '손석희의 말하는 법' 등 책 읽기<br>손석희 아나운서에 대한 기사와 동정 |

관에 가서 손석희 아나운서의 책들과 여러 가지 기사 등을 수집해 정보를 종합해서 연구하기 시작했다. 이런 과정을 통해서 아이는 좀 더 구체적인 언론인에 대한 정보를 얻을 수 있었고 막연히 스포트라이트를 받는 언론인이 아닌 인간으로서 의미 있는 일을 하는 직업으로서의 언론인을 꿈꾸게 되었다.

아빠와 아이가 함께 고른 성공한 롤모델들은 아이에게 직업에 대한 이해 측면에서만 도움이 되는 것은 아니다. 성공한 롤모델들의 공통점인 수많은 실패를 통한 도약과 성공은 아이에게 더 강한 의지력과 신념을 선물하게 될 것이다. 다음의 손석희 아나운서를 롤모델로 삼은 아이의 연구사례를 살펴보면 훨씬 더 시각화된 꿈이 커가고 있는 것을 확실히 느낄 수 있을 것이다.

## 1. 손석희 아나운서의 프로필

직업 : 언론인(방송), 앵커
출생 : 1956년 6월 20일
현재 소속 : JTBC(보도 담당 사장)
학력 : 미네소타 대학교 대학원 저널리즘 석사
데뷔 : 1984년 MBC 앵커
수상 : 2012년 제39회 한국방송대상, 라디오진행자상

## 2. 손석희 아나운서를 롤모델로 삼은 이유?

최근에 진행된 사회에 가장 큰 영향을 미치는 언론인을 뽑는 조사에서 당당하게 1위를 차지한 손석희 아나운서이다. 언론인으로서 가장 필요한 자질은 '편파적이지 않고 중립을 지키는 것'이라고 생각한다. 그는 이를 위해 계속해서 노력을 아끼지 않고 있다. 나는 이 부분에서 가장 신뢰를 많이 받고 있는 사람이 손석희 아나운서라고 생각했다.

## 3. 롤모델에게서 배우고 싶은 점 3가지?

### ❶ 호기심으로 세상을 바라보다

'100분 토론'을 자주 시청하지는 못했지만, 종종 방송을 볼 때면 토론자들의 이야기를 일목요연하게 정리하고, 어느 한쪽에 치우침 없이 균형을 이루고자 하는 손석희 아나운서의 진행력이 눈에 띄었다. 손석희 아나운서는 언론인으로서 가져야 할 덕목 중 하나로 호기심을 손꼽았다. 호기심은 어떠한 문제에 대한 관심을 불러일으키기 때문에, 문제의 본질을 찾다 보면 남들이 보지 못하는 새로운 사실을 발견할 수 있기 때문이라고 말한다. 특히, 언론인이라면 현상유지보다는 우리 주변에서 발생하고 있는 문제들을 제기하고 이러한 문제점에 변화가 일어날 수 있도록 공감대를 형성하는 것이 중요하다고 한다. 손석희 아나운서는 어떠한 문제에 대해 다양한 각도에서 바라볼 수 있도록 노력과 열정을 다하고 있다고 한다.

❷ 늦었다는 것이 불가능하다는 것을 의미하지는 않는다!

내가 가장 좋아하는 말이 '늦되더라도 불가능한 것은 없다.'라는 말이다. 손석희 아나운서가 이것을 보여준 가장 대표적인 사람인 것 같다. 다른 사람보다 대학입학 시기도 늦었고, 아나운서로서 입사한 시기도 3~4년 정도 늦었지만, 시기가 중요한 것이 아니라 정말 자신이 하고 싶은 일, 필요하다고 생각되는 부분에 대해서는 그것이 언제가 되더라도 이루고 마는 손석희 아나운서의 끈기와 추진력은 내가 꼭 본받아야 할 부분이다.

❸ 사람의 가치는 스스로 만들어내는 것이다!

사실 손석희 아나운서가 MBC를 퇴사한다고 밝혔을 때 앞으로의 행보가 기대되기도 하면서 한편으로는 걱정되기도 했다. 자신만의 색깔로 성공한 사례들도 많았지만, 오히려 진가를 발휘하지 못하는 사람들이 많다고 생각했었다. 하지만 손석희 아나운서는 언론인으로서 자신의 기존 이미지를 지키기 위해 프리랜서 선언 후 많은 광고주로부터 CF 제의를 받았지만 이를 모두 거절했다고 한다. 한결같은 모습으로 수십 년을 유지한다는 것은 매우 힘든 일이기에, 이를 위해 손석희 아나운서가 보이지 않는 노력을 얼마나 많이 했는지 알 수 있게 해주는 부분인 것 같다.

## 4. 롤모델에게 묻고 싶은 질문 3가지?

❶ '100분 토론'을 진행할 때 토론을 중재하다 보면 정말 난감한 상황이 있었을 텐데 혹시 어떤 경우였는지. 또 그때 어떻게 대응했는지요?

❷ MBC를 퇴사한 이유와 퇴사 이후 프리를 선언했는데도 굳이 CF 요청을 거절한 이유는? 앞으로도 계속 그러한 요청을 거부할 것인지요?

❸ 앞으로 인생의 목표는 어떤 것인지요? 10년 뒤, 20년 뒤 어떤 모습으로 살아가고 계실지 혹은 사람들이 기억하는 손석희 아나운서의 모습은 어떨 것인지요?

## 5. 롤모델에게 드리는 다짐

참언론인을 꿈꾸는 나 김원석은 미래에 손석희 아나운서처럼 중립을 지키며 사람들의 기억 속에 참언론인으로서 세상의 소금 역할을 가장 잘했던 언론인이었다고 기억되도록 저의 모든 열정과 노력을 기울이겠습니다.

# 05

# 아이의 꿈인
# 미래직업을 경험하게 하라

**꿈을 이루는 4단계_자신의 미래직업을 경험해라**

아빠가 아이와 함께 탁월성 찾기 – 미래직업 찾기 – 롤모델 찾기의 꿈을 이루는 3단계 과정을 잘 마쳤으면, 이젠 4단계로 넘어갈 차례다. 이번 단계는 어쩌면 아이에게 미래직업에 대한 가장 강력한 동기부여가 될 수 있는 단계이다. 그것은 바로 아이에게 미래직업을 경험하게 하는 것이다. 물론 미래직업을 경험한다는 것은 직접 경험하는 것뿐만 아니라 간접 경험도 포함하는 것이다.

진로 탐색에 있어 가장 쉬운 방법은 바로 독서를 통한 간접 경험이다. 여러 가지 진로 탐색에 알맞은 책들을 도서관이나 서점에서 쉽게 찾아볼 수 있는데, 이러한 다양한 직업에 관한 책들을 아빠가 아이와 함께 읽어보면서 아빠는 아이의 흥미와 관심을 정확히 파악할 수 있다. 아이의 적성이나 희망 직업을 찾은 경우라면, 그 분야에서 성공한 위인들의 자서전이나 위인전을 아빠가 추천해주는 것도 좋다. 단순히 책 읽기에서 그치지 말고 아이가 책을 통해 느낀 점이나 배운 점, 그리고 그 위인이 성공하기 위해 노력한 점 등에 대해 아빠와 함께 얘기를 나누고 기록으로 남기면 더욱 좋다.

## 독서를 통한 미래직업 간접 경험

아빠가 아이에게 직업에 대한 좀 더 구체적인 정보를 주고 싶다면, 다음 페이지에 소개하는 직업별 추천도서를 아이에게 사주면 더욱 좋을 것이다. 이런 책들을 통해서 아이는 좀 더 쉽게 즐거운 직업 탐색을 할 수 있을 뿐만 아니라 미래직업에 대한 관심과 호기심을 더 많이 키울 수 있게 될 것이다.

이렇게 미래직업에 대한 독서를 통한 간접 경험도 아이에게 흥미를 가져올 수 있지만 직접 경험하는 것보다 그 효과는 좀 미약할 것이다. 그래서 요즘에는 아이들에게 진로에 대한 인식과 미래직업에 대한 열정을 끌어내기 위해 정부는 물론 전국 교육청에서도 많은 노력을 하고 있다. 아빠들도 이런 내용을 알고 있으면 아이들 진로 지도에 많은 도움을 받을 수 있다.

| 직업 | 추천 도서 목록 |
| --- | --- |
| 초등교사 | 에스메이의 일기 / 나는 선생님이 좋아요 |
| 중등교사 | 나는 대한민국의 교사다 / 들꽃학교 문학시간 / 죽은 시인의 사회 / 열혈교사 도전기 |
| 대학교수 | 리틀 몬스터 |
| 수학자 | 박사가 사랑한 수식 / 교과서를 만든 수학자들 |
| 의사 | 달동네 병원에는 바다가 있다 / 시골의사의 아름다운 동행 1~2 / 청년의사 장기려 / 장기려 그 사람 |
| 수의사 | 수의사가 말하는 수의사 / 숲 속 수의사의 자연일기 |
| 약사 | MT 약학 |
| 한의사 | MT 한의학 / 허준을 꿈꾸는 아이들 / 전통 한의학을 찾아서 / 한의학 어떻게 공부할 것인가 / 한의학 입문 / 한의학 특강 / 한의학 탐사여행 |
| 프로그래머 | 행복바이러스 안철수 / 세상을 뒤흔든 프로그래머들의 비밀 |
| 프로게이머 | 나만큼 미쳐봐 |
| 회계사 | 회계사 아빠가 딸에게 보내는 32+1통의 편지 |
| 연예인 | 연예인 완전정복 |
| 변호사 | 궁금해요! 변호사가 사는 세상 / 변호사 해? 말어? / 피아노 치는 변호사, Next / 거리의 변호사 |
| 디자이너 | 이노베이터(김영세) / 노라 노, 열정을 디자인하다 / 멀티미디어 아티스트 |
| 만화가 | 한국대표 만화가 18명의 감동적인 이야기 1~2 / 만화가가 말하는 만화가 |
| 요리사 | 요리사가 말하는 요리사 / 지중해 태양의 요리사 / 프로이트는 요리사였다 / 궁금해요! 요리사가 사는 세상 |
| 제빵사 | 빵 굽는 CEO |
| 연출가 | 드라마센터의 연출가들 / 이벤트 연출가 |
| 건축가 | 건축가가 되는 길 / 자연과 꿈을 빚은 건축가 가우디 / 나는 건축가다 |

| 경찰관 | 헴블레스 오블리주, 경찰의 길을 묻다 |
|---|---|
| 작가 | 어느 작가의 일기 |
| 카지노 딜러 | 딜러에게는 사랑할 자유도 없다(e-book 교보문고) |
| 조종사 | 늙은 전투조종사의 가슴은 아직도 뜨겁다:낙생자전 |
| 기자 | 김수현 기자의 나도 가끔은 커튼콜을 꿈꾼다 / 기자가 말하는 기자 |
| 프로파일러 | 프로파일러 노트 |
| 운동선수 | 멈추지 않는 도전(축구) / 김연아의 7분 드라마(스케이트) |
| 펀드매니저 | 펀드매니저의 투자 비밀 / 월스트리트에서 가장 성공한 펀드매니저 |
| 공무원 | 공무원, 진짜 맞아요? / 공무원이 되려면 10대부터 준비하라! |
| 통역, 외교관 | 조용한 열정 반기문(외교) / 그녀, 영어동시통역사가 되다(통역) |
| 음악가 | 음악 또라이들 |
| 간호사 | 간호사가 말하는 간호사, 간호사 프로를 꿈꿔라 |
| 창의적 업무 | 지퍼에서 자동차까지 |

## 아빠와 함께 다양한 체험을 통한 미래직업 경험

이러한 적성검사 등을 통해서 아이의 적성을 알았다면 아빠와 함께 다양한 체험활동을 통해 미래직업을 경험하도록 하는 것이 좋다. 이렇게 아빠와 아이가 함께 직업을 직접 경험해보는 것은 아이들의 호기심을 자극하는 데 매우 효과적이다. 전국의 여러 지자체에서는 진로직업 체험 지원 센터를 운영하며, 더욱 다양한 직업 체험활동을 무료로 지원하고 있다. 이러한 여러 진로 체험 센터에서는 직업 체험은 물론 직업 견학, 직업 체험 캠프, 진로 코칭 등 다양한 프로그램을 운영하고 있어 진로 탐색은 물론 적성 탐색에 도움을 주고 있으니 아빠와 아이가 함께 방문하여 체험하면 정말 좋은 경험이 될 것이다.

이뿐만 아니라 한국잡월드, 키자니아 등의 유료 체험 센터는 물론 소방서, 경찰서, 철도청, 외교부 등과 같은 무료로 체험이 가능한 곳에서도 다양한 프로그램을 운영하고 있으니 아이와 함께 이용해보자. 이때 주의할 점은 아이가 관심 있는 분야에만 집중하지 말고 다양한 직업 및 진로를 탐색해보도록 아빠가 잘 설명해 다양한 직업의 세계를 경험할 수 있게 하면 좋다.

한 가지 꼭 당부하고 싶은 말은, 가장 가까이에 있는 아빠의 직업을 탐색해보는 것도 좋은 방법이다. 평소 자녀에게 아빠의 직업과 하는 일에 대해 자세히 소개하고 대화하면서 직업을 탐색해보도록 하자. 가능하다면 아이가 직접 회사에 방문해서 아빠가 어떤 일을 하는지 경험하게 한다면, 아이는 일상생활 속에서 자연스럽게 진로에 대한 흥미와 관심을 이끌어낼 수 있을 것이다. 사실 아이는 부모를 닮게 되어 있으므로 아이에게는 부모가 하는 일이 가장 적성에 맞을 수 있는 일이기도 하다. 얼마 전, 자쓰리 브라더스를 내 사무실로 초대하여 아빠가 하는 일과 여러 직원의 업무를 지켜보게 해주었다. 아빠가 무슨 일을 하며, 또 아빠 회사가 어떻게 운영되는지를 아이들이 이해할 수 있게 자세히 설명해주었다. 자쓰리 브라더스는 아빠가 많은 학생과 학부모들을 위해 열심히 일하는 것이 정말 자랑스럽다며 큰 자부심을 느꼈다고 한다. 늘 바쁘기만 했던 아빠를 조금은 이해할 수 있었고 앞으로 더 바쁘더라도 대한민국의 공정한 교육을 위해 자신들이 얼마든지 감수할 수 있다며 기특한 발언을 하기도 했다.

## 진로 및 체험 교육의 확대('자유학기제' 도입)

일례로 요즘 중학교에서 진로 탐색 집중학기제인 '자유학기제'가 도입되는 등 진로 및 직업 체험 교육이 최근 교육계에서 큰 이슈가 되고 있다.

'자유학기제'란 중학교 교육과정 중 한 학기를 학생들이 중간 · 기말고사 등의 시험 부담에서 벗어나 꿈과 끼를 찾을 수 있도록 하는 제도이다. 이 제도는 수업 운영을 토론, 실습 등의 학생 참여형으로 개선하고 진로 탐색 활동 등의 다양한 체험활동이 가능하도록 교육과정을 유연하게 운영한다.

자유학기제 동안 가장 강조되는 것이 진로 탐색 활동으로 아이들이 직접 현장에서 자신이 관심 있는 직업 세계를 경험할 수 있다. 즉 아이들이 스스로 꿈과 끼를 찾고, 자신의 적성과 미래에 대해 탐색하고 설계하는 경험을 통해 지속적인 자기 성찰 및 전인교육의 기회를 제공하기 위함이다. 이것은 지식과 경쟁 중심이었던 기존의 교육을 자기주도적이고 미래지향적인 역량(창의성, 인성, 사회성 등) 함양이 가능한 살아 있는 전인교육으로 전환하겠다는 교육부의 강한 의지가 반영된 것으로 보인다.

서울시 진로 체험 센터 프로그램

| 센터명 | 주관 | 프로그램 |
| --- | --- | --- |
| 서울시립 청소년 직업 체험 센터 하자센터 | 서울시, 연세대 | 직업 체험, 진로 학교, 직업 체험 캠프, 창의 캠프 등 |
| 강동 진로직업 체험 센터 상상팡팡 | 강동구 | 직업 체험, 직업 견학, 전공 체험 데이 등 |
| 노원 상상이룸 센터 | 노원구 | 진로 탐색, 진로 검사, 진로 코칭, 진로 체험 |
| 금천 진로직업 체험 지원 센터 꿈꾸는 나무 | 금천구 | 진로 카페, 진로 체험 등 |
| 도봉 진로직업 체험 지원 센터 꿈여울 | 도봉구 | 진로 교육, 직업 체험, 자기주도학습 등 |
| 성동구 진로직업 체험 지원 센터 진짜센터 | 성동구 | 진로, 진학, 자기주도학습, 체험학습, 학부모 지원 등 |
| 성북 청소년 진로직업 체험 센터 미래창창 | 성북구 | 진로 상담, 직업 체험, 특강, 진로 콘서트 등 |
| 용산구 진로직업 체험 지원 센터 미래야 | 용산구 | 진학 상담, 직업 체험, 진로 설계 등 |
| 마포 진로직업 체험 지원 센터 희망나래 | 마포구 | 진로 설계, 진로 체험, 학교연계, 진로 상담 |
| 강서 진로직업 체험 지원 센터 드림로드 | 강서구 | 진로 캠프, 학부모 설명회, 진로 코칭, 상담 |
| 은평 청소년 진로직업 체험 지원 센터 드림아지트 | 은평구 | 진로 캠프, 진로 박람회 등 |
| 서대문 진로직업 체험 지원 센터 | 서대문구 | 진로 체험, 진로 탐색, 진로 콘서트 |
| 강남구 진로직업 체험 지원 센터 나래꿈터 | 강남구 | 전공 체험, 직업 체험, 일터 멘토, 진로 학교 |
| 중구 진로직업 체험 지원 센터 드림톡톡 | 중구 | 직업 체험, 진로동아리, 진로 캠프 |
| 1318 박물관 멘토스쿨 | 국립민속박물관 | 박물관 큐레이터들이 하는 일 |
| 청소년 직업 체험 교실 | 서울에너지드림센터 | 환경, 에너지 분야 미래 유망 직업 경험 |
| 경찰박물관 직업 체험 교실 | 경찰박물관 | 여름방학 특집 경찰 체험 교실 |
| 미술관 직업 탐방 | 국립현대미술관 | 큐레이터, 도슨트, 작품보존자 등 관련 직업 |
| 항공객실승무원 직업 훈련 체험 교실 | 서울항공직업전문학교 | 승무원 직업 체험 |
| 외교관 학교 | 외교사료관 | 외교사 강의와 다양한 체험 학습 |
| 기관사 체험 | 서울메트로 | 기관사 체험, 운전실 탑승, 명예기관사증 수여 |
| 기관사 체험 | 서울도시철도공사 | 승무관리소 탐방, 열차운전실 탑승 체험 |

물론 아이들이 본인의 진로를 정하기 위해서는 아빠의 도움을 받아 자신의 관심사와 적성이 무엇인지 확인하는 것이 좋다. 아이가 초등학교 고학년 이상이라면 진로적성 검사를 통해 자녀의 성격이나 성향, 적성을 파악해보도록 한다. 워크넷(www.work.go.kr), 커리어넷(www.career.re.kr)과 서울 진로적성 정보 센터(www.jinhak.or.kr) 등은 홈페이지에서 다양한 진로 적성 검사를 제공하고 있으니 아빠들이 참고하면 많은 도움이 될 것이다. 각 사이트의 적성 검사를 통해 아빠는 아이의 관심이 무엇인지, 관심사와 선호가 일치하는지를 파악할 수 있고 이는 앞으로 아이의 진로 선택에 큰 도움이 될 수 있을 것이다.

## 06

# 아이와 함께
# 꿈의 로드맵을 만들어라

**꿈을 이루는 5단계_자신의 꿈 로드맵을 완성해라**

아이와 함께 탁월성 찾기 － 미래직업 찾기 － 롤모델 찾기 －미래직업 경험하기를 모두 마친 아빠라면 이제 꿈을 이루는 마지막 단계인 5단계 '꿈의 로드맵'을 완성해보자. 아마도 미래직업을 성취하기 위한 가장 중요한 단계일 것이다.

왜냐하면, 아무리 좋은 꿈과 미래직업을 찾았다 할지라도 그 꿈과 미래직업을 이룰 수 있는 로드맵이 없다면 막연한 꿈이 되거나 공상 또는 망상이 될 수도 있기 때문이다. 어떻게 그 꿈과 미래직업을 이루도록 할 것인가를 지금 이 순간부터 그 꿈을 이루는 순간까지 좀 더

| 나이/연도 | 달성 목표<br>(학교/자격증/취업/설립/완성 등) |
|---|---|
| [　　　]세<br>[　　　]년 | |
| [　　　]세<br>[　　　]년 | |
| [　　　]세<br>[　　　]년 | |
| [　　　]세<br>[　　　]년 | |
| [　　　]세<br>[　　　]년 | |
| [　　　]세<br>[　　　]년 | |
| [　　　]세<br>[　　　]년 | |
| [　　　]세<br>[　　　]년 | |
| [　　　]세<br>[　　　]년 | |
| [　　　]세<br>[　　　]년 | |

구체적으로 설계해야 한다. 이때 아이가 자신에게 꼭 맞는 현실적인 로드맵을 그릴 수 있도록 아빠는 적극적으로 도와줘야 한다. 아이 혼자서 꿈의 로드맵을 만들면 구체성도 떨어지고 비현실적인 요소들이 많아지기 때문이다. 꿈을 이루는 마지막 과정이지만 아빠와 아이가

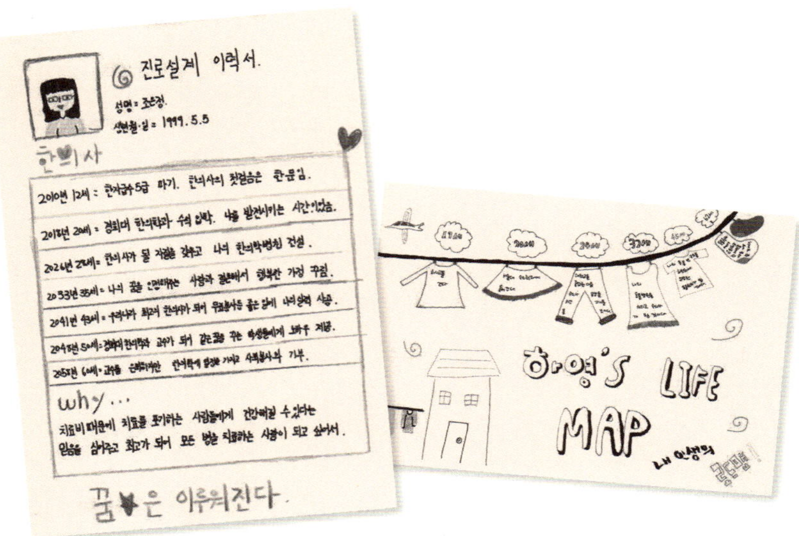



아이들이 만든 꿈의 로드맵

하나가 되어야 성공할 수 있는 가장 중요한 과정이 바로 꿈의 로드맵 작성 단계이다. 아무리 값진 보물이 섬 안에 있다 할지라도 보물섬을 찾을 수 있는 지도가 없다면 그것은 신기루에 지나지 않는 것처럼 꿈의 로드맵이 없다면 이룰 수 없는 꿈과 같다 할 수 있다.

그렇다면 아빠는 아이와 함께 '꿈의 로드맵'을 어떻게 만들어야 할까? 앞에 제시된 내 인생의 로드맵 표를 참고하여 작성해보자.

먼저, 아빠는 아이에게 꿈이 이루어진 모습을 상상하게 하면서 꿈이 이루어진 연도와 나이는 물론 직업을 구체적으로 적어보게 하자. 또한, 아이의 꿈이 이루어지는 데 필요한 과정을 아이와 함께 설계하자. 예를 들면, 아빠는 아이에게 미래직업을 갖기 위해 다녀야 하는 학교와 자격증 등을 시간의 역순으로 적으면서 나이와 연도, 실천 내용을 함께 써보게 하는 것이다. 그렇게 역순으로 현재 상황까지를 작성한다.

또한, 아이의 꿈이 이루어진 다음의 상황도 아이와 함께 그려본다. 예를 들면, 35세에 ○○대학교 경제학과 교수가 된다고 가정하면 그 이후에 무엇을 할 것인지 인생의 최후 순간까지 그려가며 의미 있는 미래를 아이와 함께 그려보는 것이다.

이런 내용으로 지금 현재부터 시작해 삶의 마지막까지를 기록해 꿈의 로드맵으로 만들면 된다. 아이로 하여금 로드맵 안에 꿈을 이루기 위해 학년마다 이뤄야 할 공부 목표나 자격증 등을 써넣게 하면 더욱 강력하게 학습 동기가 부여될 수 있다. 아이의 꿈은 미래직업뿐만 아니라 현재의 초강력 동기부여 엔진이 될 것이다.

## 07

# 매일 꿈을 이루는
# 1·2·3 법칙을 실천하라

**아이의 꿈을 키워줄 마지막 코칭**

아빠와 함께 아이가 설계하는 '꿈을 이루는 5단계 과정'을 다시 한 번 살펴보자. 탁월성 찾기 – 미래직업 찾기 – 롤모델 찾기 – 미래직업 경험하기 – 꿈의 로드맵 만들기 이렇게 5단계의 과정을 거치며 탄탄히 다져놓은 꿈은 아이에게 강한 동기부여가 되는 구체적인 꿈이자 생생하게 살아있는 꿈이 된다. 그러나 지금은 이렇게 생생한 꿈이라 할지라도 관리하지 않고 방치한다면 점점 사라질 것이다. 꿈도 식물이나 동물처럼 매일 물과 먹이를 주어야만 활력을 찾고 점점 커갈 수 있다. 즉 매일 꿈이 이루어진 자신의 모습을 상상하고 시각화하면서 꿈을 이룰 수 있다는 강한 다짐이나 외침과 같은 양분을 주어야만 꿈이 강해지고 이루어지는 것이다. 이를 어려운 환경 속에서도 굴하지 않고 성공한 사람들이 공통되게 지니고 있는 꿈에 관한 집착이라고 말할 수 있다. 꿈을 이루게 하는 원동력인 꿈에 관한 집착, 이것이 바로 아빠가 아이에게 꿈에 대해 가르쳐야 할 마지막 코칭이다.


## 꿈을 위해 매일 긍정적 자기 암시를 해라

아빠가 아이에게 코칭해야 할 꿈에 관한 집착에 대해 가장 명확하게 해답을 줄 수 있는 연구결과가 있다.

미국의 심리학자 A. 맥기니스의 연구에 따르면 성공한 사람들은 낙관적, 진취적 생활 태도의 특성을 가진다고 한다. 실패하는 사람들은 성공한 사람들이 배경이 좋고 운도 잘 따라줘서 좋은 일이 더 많이 생긴다고 착각한다. 하지만 사실은 전혀 그렇지 않다. 좋은 일만 생겨서 성공하게 되는 것이 아니라 나쁜 일이 생겨도 긍정적인 마음을 잃지 않고 끝까지 해결책을 찾는 낙관적이고 긍정적이며 적극적인 자세를 갖추었기 때문에 성공하는 것이다.

그럼 어떻게 하면 이런 낙관적, 긍정적, 적극적인 자세를 갖출 수 있을까? 최선의 방법은 '긍정적 자기 암시'이다. 매일 자신에게 긍정적인 암시를 하는 것이다. 한마디로 긍정의 자기 최면을 매일 습관처럼 자신에게 거는 것이다.

## 꿈을 이루는 1·2·3 법칙

나는 자쓰리 브라더스에게 각자 꿈을 이루고 싶다면 스스로 계속해서 긍정적인 자신의 모습을 반복해서 마음에 새겨야 한다고 알려줬다. 특히, 꿈이 이루어진 자신의 미래 모습을 상상하며 마음에 깊이 새기도록 주문했다. 나는 이러한 마법의 주문을 '꿈을 이루는 1·2·3 법칙'이라고 명명하고 있다.


1 : 하루에

2 : 두 차례 (아침과 저녁에)

3 : 세 번씩 꿈을 외치고 (꿈이 이루어진 모습을) 상상한다!


나는 아이들과 함께 매일 이것을 실천하고 있다.


1 : 매일

2 : 아침에 학교에 가기 전, 그리고 잠자리에 들기 전 하루 두 번을

3 : 세 번씩 자신의 꿈을 외치고 마지막에 눈을 감고 그 꿈이 이루 어진 미래 모습을 상상한다.


매일 꿈을 향해 조금씩 전진하는 우리 아이들에게 오늘의 실패는 성공을 위한 밑거름이 될 것이며, 결국 성공을 향한 사다리를 한 단계 올라가는 것이 될 것이다. 이렇게 아빠가 아이에게 매일 자신의 꿈을

간절히 되새기며 하루하루를 살아가도록 코칭한다면 아이는 꿈을 반드시 이룰 수 있을 것이다. 아이의 행복 또한 나날이 커져만 갈 것이라고 나는 확신한다.

# 이 세상 모든 아빠에게


오늘 아침에도 어김없이 자쓰리 브라더스의 굿모닝 뽀뽀와 인사로 하루를 시작한다. 하루에도 여러 번 눈만 마주치면 우리 가족은 뽀뽀와 포옹을 무한 반복한다. 언제부터 그랬는지는 정확히 기억나지는 않는다. 아마도 자쓰리 브라더스가 TV를 끊고 새로운 인생을 만들어가던 즈음이었을 것으로 추측한다. 그 당시에는 아이들이 어리다 보니 쉽게 약속을 잊기도 하고, 유혹에 무너지며 약속을 저버리기도 했었다. 그러면 아이들은 속상한 나머지 스스로 눈물을 터뜨리기도 했다. 그럴 때마다 아이들에게 위로와 격려를 하기 위해서 포옹과 뽀뽀를 더 오래 더 많이 해주기 시작했던 것 같다. 이후에는 무너지기 쉬운 아이들에게 아예 미리 약을 치기 위해 포옹과 뽀뽀를 더 많이 퍼부었다. 그러다 어느새 습관이 되어버려 우리 가족 모두는 포옹과 뽀뽀로 하루를 열고, 하루를 마무리하게 되었다.

그렇다. 아이들은 쉼 없이 무너지고 약속을 어긴다. 또 어기는 게 당연한 것인지도 모른다. 어디 아이들뿐이랴? 어른들도 한없이 무너지고 약속을 어기지 않는가? 그래서 서로에게 힘과 용기 그리고 위로를 해주어야 한다. 부모도 아이도 함께 서로 위로하며 격려해줘야만 사랑과 행복이 넘치는 가족이 될 수 있다. 그 물꼬를 트는 게 바로 아빠가 할 역할이다.

자쓰리 브라더스와 함께 TV를 끊고 새로운 인생의 막을 올리기 전에 우리 가족도 여느 가족과 다를 바가 없었다. 엄마는 세 아들의 혼비백산 뜀뛰기에 목소리를 높였고, 아빠는 그런 엄마의 고통을 외면한 채 자기 일에만 몰두하며 방문을 잠갔다. 아들들은 아빠와 놀기를 애원했지만, 아빠는 바쁘다는 그럴싸한 핑계로 냉정하게 외면했다. 아이들은 하는 수 없이 매일 엄마의 야단과 잔소리를 먹고 아빠의 냉대를 받으며 자랄 수밖에 없었다.

그러던 어느 날 모처럼 일찍 귀가한 아빠는 눈앞에 펼쳐진 엄마와 아들들의 눈물로 범벅된 난장판을 외면할 수 없게 되었다. 엄마의 오열하는 듯한 몸부림과 그를 두려움과 미안함으로 바라보고 있는 철없는 세 아들의 처량한 모습. 그날 그 모습을 지금도 난 생생히 기억한다. 나에게도 너무 놀라운 광경이었기에 곧바로 아내에게 어떤 위로도 도움도 줄 수가 없었다. 그저 모두가 울음을 그치기만 기다렸다. 그렇게 한 시간여가 흐른 뒤 엄마는 힘에 부쳐 침대 위에 쓰러졌고 세 아들은 그런 엄마를 보며 울음을 그칠 줄을 몰랐다. 나는 그 당시 이름뿐인 아빠였다. 생물학적 아빠였지만 그 이상도 그 이하도 아닌 아무 존재감 없는 아빠였다. 대본에는 있지만 아무도 그 역할을 기억하지 못하는 엑스트라 같은 아빠였던 것이다.

더는 안 되겠다 싶어 세 아들의 엄마와 아빠는 오랜 시간 동안 이야기를 나눴다. 엄마는 이제는 천방지축 아들들을 감당할 수도 잘 키울 자신도 없다며 포기를 선언했다. 너무도 지쳤고 어찌할 바도 모르겠다고 했다. 아빠인 내가 스스로 마지막 카드가 되었다. 더 방치했다가는 큰일 날 것만 같은 위기감과 두려움 때문에 새로운 계기를 마련할 수밖에 없었다. 그래서 아빠는 좀 더 일찍 귀가해서 아이들과 시간을 갖기 시작했고 엄마와 더 많은 이야기를 나누기 시작했다. 처음부터 순조로웠던 것은 아니다. 갑자기 아빠 아닌 사람이 나타나 아빠라고 주장하듯이 서툴고 어색하기만 했다. 그렇지만 아빠는 역시 아빠였나 보다. 표현은 약하지만 깊고 넓은 마음으로 엄마도 아이들도 따뜻하게 품기 시작했다.

그날이 바로 내가 자쓰리 브라더스의 진짜 아빠가 되기 시작한 날이다. 처음부터 거창한 목표나 계획이 있었던 것은 아니었다. 하지만 TV를 끊는 것부터 시작해 작은 것이지만 하나씩 하나씩 무엇인가에 이끌려 나도 모르게 지금의 습관들을 이루어나가게 되었다. 그러자 하나의 습관은 또 다른 습관을 불러왔다. 그것은 내 의지라기보다는 사랑과 행복이 넘치는 가정을 이루기 위한 몸부림의 결과라고 보는 게 맞을 것 같다.

아직도 아빠로서 많이 부족하고 서툴기 그지없다. 하지만 그 시작에 비하면 상상할 수 없는 아름다운 변화를 경험했기에 앞으로의 미래에는 더욱 멋진 변화가 있을 것이라 확신한다. 과거의 나처럼 아빠 아닌 아빠로서 살고 있는 모든 아빠들에게 응원과 격려를 하고 싶어 이 책을 쓰게 되었다. 응원과 격려만 가지고는 안 되는 일이기에 이 책을 쓰지 않을 수 없었다. 나의 미천한 지식과 경험이지만 가정의 행복을 결정하는 아빠들에게, 힘들지만 열심히 살아가는 훌륭한 아빠들에게 나는 이 책을 바치고 싶다.

아빠 여러분! 존경합니다. 사랑합니다. 그리고 감사합니다.


2014년 4월 어느 봄날
구근회 올림

# 잘되는 집은 아빠가 다르다

1판 1쇄 발행 2014년 5월 2일   1판 2쇄 발행 2014년 6월 10일

지은이 구근회 | 펴낸이 김영진
기획 CASA LIBRO

본부장 조은희 | 사업실장 김경수
편집장 백지선
디자인 팀장 신유리 | 디자인 관리 김가민
영업 이용복, 윤설형, 방성훈, 정유

펴낸곳 (주)미래엔  등록 1950년 11월 1일(제16-67호)
주소 137-905 서울특별시 서초구 신반포로 321
미래엔 고객센터 1800-8890
팩스 (02)541-8249  이메일 bookfolio@mirae-n.com
홈페이지 http://www.wiseberry.co.kr/

ⓒ 2014 구근회
ISBN 978-89-378-3452-3 13590

* 와이즈베리는 (주)미래엔의 성인단행본 브랜드입니다.
   이 책은 저작권법에 따라 보호받는 저작물이므로 무단 전재와 복제를 금합니다.
* 책값은 뒤표지에 있습니다. * 잘못 만들어진 책은 구입처에서 교환해 드립니다.

와이즈베리는 참신한 시각, 독창적인 아이디어를 환영합니다.
기획 취지와 개요, 연락처를 bookfolio@mirae-n.com으로 보내주십시오.
와이즈베리와 함께 새로운 문화를 창조할 여러분의 많은 투고를 기다립니다.

「이 도서의 국립중앙도서관 출판시도서목록(CIP)은 서지정보유통지원시스템 홈페이지(http://seoji.nl.go.kr)와
국가자료공동목록시스템(http://www.nl.go.kr/kolisnet)에서 이용하실 수 있습니다.
(CIP제어번호: CIP2014011710)」